# Die Vorgänge in
# Trocknungs- und Erwärmungstrommeln
# für rieselfähige Güter

# Die Vorgänge in Trocknungs- und Erwärmungstrommeln für rieselfähige Güter

nebst einigen dargestellten Anlagen
und einem Berechnungsbeispiel

Von

## Dr.-Ing. Karl Kröll

Hersfeld

Mit 30 Abbildungen

Springer-Verlag

Berlin / Göttingen / Heidelberg

1950

ISBN 978-3-642-49441-3    ISBN 978-3-642-49720-9 (eBook)
DOI 10.1007/978-3-642-49720-9

# Vorwort.

Die Hauptteile dieser Arbeit waren Gegenstand der Abhandlung „Beitrag zur Erkenntnis der Vorgänge in Trocknungs- und Erwärmungstrommeln für rieselfähige Güter", die ich am 21. Nov. 1947 der Technischen Hochschule Darmstadt zur Erlangung der Würde eines Doktor-Ingenieurs einreichte. In der vorliegenden Fassung ist der Abschnitt über die Gestaltung und Wirkungsweise der Drehtrommeln gegenüber der ursprünglichen Fassung erweitert. Ferner sind die Abschnitte „Die Wärme bringenden Gase" und „Rechnungsbeispiel" hinzugefügt. Die neuen und erweiterten Abschnitte sollen den Leser kurz mit den verschiedenen Formen der Trommeln und mit der praktischen Nutzung des theoretisch Dargelegten bekannt machen.

Auch an dieser Stelle sage ich den Herren Prof. Dr.-Ing. O. KRISCHER und Prof. Dipl.-Ing. R. WÄLDE, die von der Technischen Hochschule Darmstadt zu Referenten bestellt waren, verbindlichsten Dank für die Kritik, die sie vor endgültiger Abfassung des ursprünglichen Textes an Einzelheiten der Abhandlung übten, sowie für die Anregungen, die sie mir zur Gestaltung des Textes gaben. Der Firma Benno Schilde Maschinenbau-A. G. in Hersfeld danke ich dafür, daß sie gestattete, aus dem Archiv ihrer Versuche die Daten zu benutzen, mit denen die theoretischen Ergebnisse dieser Arbeit unterbaut werden konnten.

Hersfeld, im November 1949

KARL KRÖLL.

# Inhaltsverzeichnis.


Seite

I. Ziel der Abhandlung . . . . . . . . . . . . . . . . . . . . . 1

II. Gestalt und Wirkungsweise der Drehtrommeln . . . . . . 1

III. Grundlegendes über den Trocknungsvorgang . . . . . . . 9

    A. Einige Begriffsfestlegungen . . . . . . . . . . . . . . . 9

    B. Die allgemeinen Gesetze der Feuchtigkeitsbewegung bei ruhendem Gut . . . . . . . . . . . . . . . . . . . . . . 10

    C. Die Besonderheiten der Wärme- und Feuchtigkeitsbewegung in Gut, das fortwährend umgeschüttet wird . . . . . . . . 12

IV. Wärmebedarf und Leistung von Drehtrommeln, in denen sich Gas und Gut unmittelbar berühren . . . . . . . . . 15

    A. Wärmebedarf der Trommeln . . . . . . . . . . . . . . 15

    B. Vorausbestimmen der Trommelleistung . . . . . . . . . 17

        1. Allgemeine Bemessungsgrundsätze . . . . . . . . . . 17

        2. Betrachtungen über die wichtigsten Größen, die Einfluß auf die Leistungen solcher Trocknungstrommeln haben, in denen sich Gas und Gut unmittelbar berühren. Die entscheidende Bedeutung der Gaseintrittstemperatur . . . . . . . . . . . . . . . 18

        3. Ursachen für die Unterschiede der Trommelleistung bei gleicher Gaseintrittstemperatur . . . . . . . . . . . . . . . . . 23

        4. Statistische Auswertung von Versuchen . . . . . . . . . 26

V. Der Wärmeaustausch in der Trommel und am Mantel . . . 35

    A. Die Austauschoberflächen . . . . . . . . . . . . . . . 35

    B. Berechnung und Schätzung der Wärmeübergangszahlen . . . . . 41

        1. Der Wärmeübergang an die den Trommeleinbau und -mantel berührenden Teile des Gutes . . . . . . . . . . . . . . . 42

        2. Der konvektive Wärmeübergang an den Trommeleinbau, den Mantel, die Gutshaufen und das abstürzende Gut . . . . . . . 43

        3. Der Wärmeaustausch in den Kornzwischenräumen infolge Gaseinschluß, der Strahlungsaustausch im Trommelinneren sowie die Wärmeleitung zwischen Einbau und Mantel . . . . . . . . 45

    C. Die Temperaturen des Trommeleinbaus, des Mantels und des Gutes 47

        1. Die Durchschnittstemperaturen und Temperaturschwankungen des Einbaus und Mantels . . . . . . . . . . . . . . . . 47

        2. Annähernde Berechnung der Gutstemperatur . . . . . . . . 48

    D. Der Wärmeverlust am Trommelmantel . . . . . . . . . . 49

    E. Der gesamte Wärmeübergang am Gut . . . . . . . . . . 50

    F. Zahlenbeispiele für den Wärmeaustausch in einer Trommel . . . . 50

VI. Wirkungen des Wärme- und Stoffaustausches in Trommeln, in denen sich das Gas und das Gut unmittelbar berühren . . . . . . . . . . . . . . . . . . . . . . . . . . . 55

    A. Die Trommelleistung in Abhängigkeit von der Trommeldrehzahl und der Trommelfüllung . . . . . . . . . . . . . . . . 55

Seite

B. Die Änderung der Oberflächentemperatur des Gutes beim Umschütten und ihr Einfluß auf die Trommelleistung und Betriebssicherheit . . . . . . . . . . . . . . . . . . . . . . . . . . . . 57

C. Betrachtungen über den Verlauf der Gas- und Gutstemperatur längs der Achse von Trommeln . . . . . . . . . . . . . . . . . . . . . . 58

D. Ungefähre Berechnung der auf die Raumeinheit bezogenen Wärmeübergangszahl $\alpha^*$ und Stoffübergangszahl $\beta^*$ aus statistischen Daten 63

VII. Die Förderung des Gutes durch die Trommel . . . . . . . 64

A. Förderung durch Spiralschaufeln und Schräglegen der Trommel . . 64

B. Die Bewegung des Gutes im Gasstrom . . . . . . . . . . . . 65

VIII. Gleich- oder Gegenstromverfahren in Trommeln, in denen sich Gas und Gut unmittelbar berühren . . . . . . . . . . 70

IX. Die wärmebringenden Gase . . . . . . . . . . . . . . . 73

X. Berechnungsbeispiel . . . . . . . . . . . . . . . . . . . . 78

a) Größenbemessung der Trommel . . . . . . . . . . . 79

b) Wärmebedarfsrechnung . . . . . . . . . . . . . . . . 84

c) Rauchgasmenge und Luftbedarf . . . . . . . . . . . . 85

d) Taupunkttemperatur der Abgase . . . . . . . . . . . . 86

e) Verlauf des Gas- und Gutszustandes, höchste und Endtemperatur des Gutes . . . . . . . . . . . . . . . . . . . . . . . 86

f) Neigung der Trommel . . . . . . . . . . . . . . . . . 89

XI. Schrifttumsverzeichnis . . . . . . . . . . . . . . . . . 92

Sachverzeichnis . . . . . . . . . . . . . . . . . . . . . . 94

# I. Ziel der Abhandlung.

Die viel gebrauchten Trocknungstrommeln bemißt man häufig, indem man die zu trocknenden Güter in einer kleinen Trommel versuchsweise trocknet und die Ergebnisse auf die größeren Trommeln überträgt. Oft steht aber für Versuche kein Gut zur Verfügung. Dann ist man gezwungen, die richtige Trommelgröße mit Hilfe von Daten zu schätzen, die man gewöhnlich kennt, das sind der Anfangs- und Endfeuchtigkeitsgehalt des Gutes und die Temperatur, mit der das Trocknungsgas in die Trommel eintritt. Der erfahrene Ingenieur kommt dabei oft zu Werten, die recht gut stimmen, was zunächst merkwürdig erscheint, weil bei der Trocknung gewöhnlich viele Größen eine Rolle spielen. Als erstes Ziel dieser Arbeit wurde angesehen, zu klären, weshalb und mit welcher Genauigkeit man die Leistung von Trommeln der meistens vorkommenden Bauart schätzen kann, das zweite bestand darin, Hilfsmittel zu finden, mittels deren zuverlässiger geschätzt werden kann als bisher, und das dritte war, Einblick in die verwickelten Vorgänge in Trocknungstrommeln (von denen die Erwärmungstrommeln ein Sonderfall sind) zu gewinnen. Es zeigte sich, daß dieser Einblick nur ein ungefähres Bild geben konnte, denn viele der Grundvorgänge, die in Trommeln stattfinden, sind noch nicht durchforscht.

# II. Gestalt und Wirkungsweise der Drehtrommeln.

Die einfachste Trommel hat die Form eines glatten, sich um die Längsachse drehenden Rohres, in dem heiße Gase Wärme an das Behandlungsgut abgeben und es so erwärmen oder trocknen. Meistens werden Gas und Gut stetig in die Trommel eingebracht. Man spricht von einer Gleichstromtrommel, wenn die Stoffe in gleicher Richtung die Trommel durchlaufen, von einer Gegenstromtrommel, wenn sie gegeneinander wandern. Häufig ist die Achse der Trommel schwach zur Waagerechten geneigt oder die Trommel besitzt im Inneren spiralige Förderschaufeln, damit das Gut, wenn sich die Trommel dreht, von allein allmählich zum Ausfallende wandert.

Es gibt drei Hauptarten von Trommeln, und zwar

a) Trommeln, in denen die zur Erwärmung oder Trocknung des Gutes dienenden Gase unmittelbar das Gut berühren,

b) Trommeln, in denen die heißen Gase und das Gut durch Wände voneinander getrennt sind, durch die hindurch Wärmeaustausch stattfindet,

c) Verbindungen der unter a und b genannten Arten.

Welcher Art die Trommel ist, die sich im Einzelfall am besten eignet, hängt von der Art des Gutes ab, das behandelt werden soll, und davon, welches Gas als Wärmebringer zur Verfügung steht. Wenn das Gut und das wärmebringende Gas (häufig handelt es sich um Rauchgase) miteinander in Berührung kommen dürfen, dann verdient wegen der einfachen Bauart und der günstigen Wärmeausnutzung meistens eine Trommel der ersten Art den Vorzug. Es gibt aber Güter, die sich nachteilig ändern würden, wenn man das wärmebringende Gas über sie hinführen würde, und auch solche, die vom Strom des Gases mitgerissen

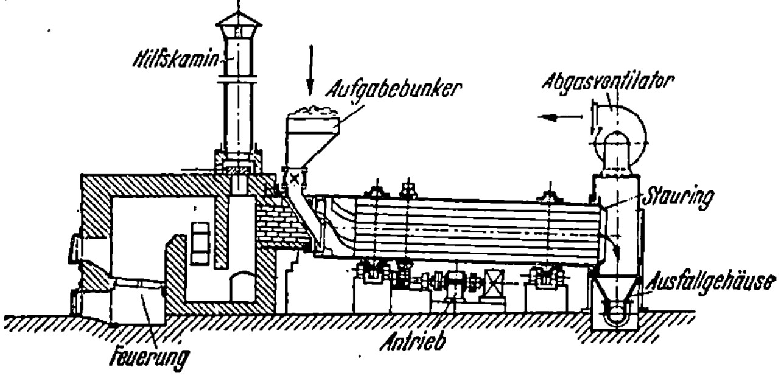


Abb. 1. Gleichstrom-Trocknungstrommel üblicher Bauart.

würden. Auch kommt es vor, daß ein Gut nicht nur getrocknet oder erwärmt, sondern daneben chemisch oder sonstwie verändert werden soll, wozu manchmal ein besonderes Gas nötig ist. In diesen Fällen verwendet man häufig Trommeln der zweiten und dritten Art.

In den Trommeln der ersten Art gelangt die zur Erwärmung oder Trocknung des Gutes nötige Wärme hauptsächlich, wenn auch nicht allein, durch Konvektion zum ruhenden oder rieselnden Gut. Man macht hier zweckmäßig die Gutsoberfläche, an der dieser konvektive Wärmeübergang stattfindet, so groß wie möglich und kräftigt alle Einflüsse, die diesen Übergang begünstigen. In den Trommeln der zweiten Art geht die Wärme zunächst durch Konvektion von den Gasen an die Trennwände und dann durch Leitung und Strahlung von den Wänden an das Gut über. Will man eine günstige Wirkung erzielen, muß man hier den Wärmefluß in beiden Stufen fördern.

Abb. 1 zeigt eine Gleichstromtrommel der ersten Hauptart, in der Gase aus einer Feuerung als Wärmespender dienen. Die Feuerung kann,

wie bei der Gegenstromtrommel nach Abb. 2, durch einen Dampflufterhitzer oder anderen Wärmeaustauscher ersetzt sein. Eine Zumeßvorrichtung bringt das Gut stetig in die Trommel, und ein Lüfter fördert
die Gase hindurch. Am Ende der Trommel fällt das Gut in das fest-
stehende Ausfallgehäuse, wo es abgezogen wird.

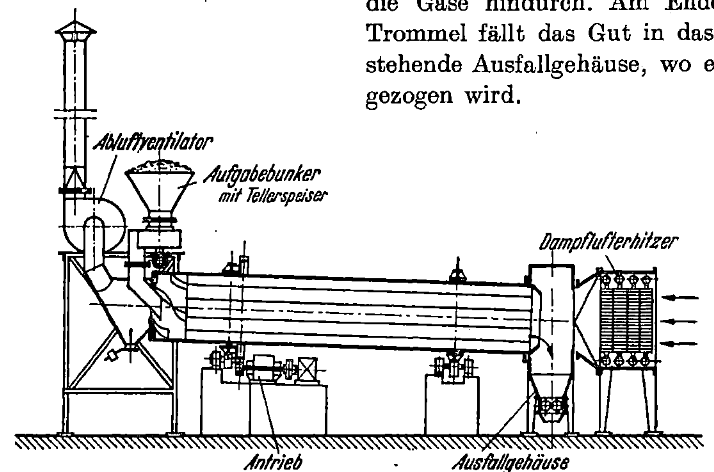


Abb. 2. Gegenstrom-Trocknungstrommel üblicher Bauart.

Um den mittel- oder unmittelbaren Wärmeübergang von den Gasen
zum Gut zu verstärken, versieht man die Trommeln, insbesondere die
der ersten Art, heute meistens mit Einbauten, die das Gut in mehrere
kleine Teilhaufen zerlegen, es gleichmäßig im Trommelquerschnitt verteilen, ihm eine große Oberfläche geben und es immer wieder quer durch den Gasstrom hindurchrieseln lassen. Einige solcher Einbauten sind auf den Abb. 3a bis 3d dargestellt. Für die meisten Zwecke sind diejenigen Einbauten die günstigsten, die das Gut am meisten aufteilen, umschütten, durchmischen und am innigsten mit dem Gasstrom in Berührung bringen, doch gibt es Güter, die sich in solchen Einbauten nur während eines Teils der Durchlaufzeit oder gar nicht fort-

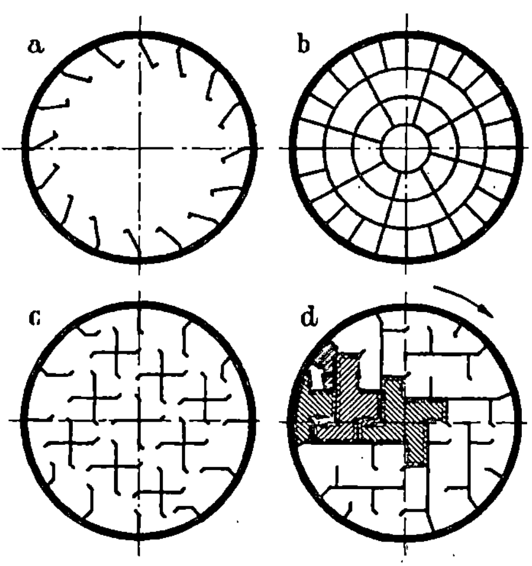


Abb. 3. Trommeleinbauten.
a) Hubschaufeleinbau, b) Zelleneinbau,
c) Kreuzeinbau, d) Quadranteneinbau.

1*

bewegen lassen. So müssen Stoffe, die zeitweise breiig oder klebrig sind, oft mehrere Schüsse einfacher Förder- und Hubschaufeln durchlaufen (Abb. 4, große Trommel), bevor sie in anderen Einbauten weiterrieseln. Auch wenn das Trommelinnere häufig gereinigt werden muß, oder wenn starker Verschleiß auftritt, sind einfache Einbauten zweckmäßig.

Die kleinsten praktisch benutzten Trommeln, in denen die Gase das Gut unmittelbar berühren, haben ungefähr 0,5 m, die größten in Europa laufenden 4 m lichten Durchmesser. Die übliche Länge von Trommeln mit guten Einbauten ist in Deutschland gleich dem 4- bis 6fachen Durchmesser. Für die Wahl des Durchmessers ist außer der

Abb. 4. Blick auf die Förderschaufeln einer großen und den Quadranteneinbau einer kleinen Trommel. (Werksaufnahme Schilde.)

gewünschten Leistung der Trommel wichtig, mit welcher Geschwindigkeit die Gase, die die Wärme bringen oder sonst im Trommelinneren nötig sind, übers Gut streichen dürfen. Oft hängt es von der Wahl des Durchmessers ab, ob eine Trommel richtig arbeitet oder nicht.

Der Trommelkörper liegt gewöhnlich auf 4 Rollen und wird über Zahnräder, seltener mittels Ketten oder Reibrädern, angetrieben. Gewöhnliche Drehzahlen sind 1 bis 15 je Minute.

Damit die Wärmeverluste gering bleiben, versieht man die Trommeln häufig mit Wärmedämmschichten, die am Mantel befestigt werden, falls dieser nicht selbst beheizt wird.

In den Gegenstrom-Trocknungstrommeln üblicher Bauart überstreichen die Wärme bringenden Gase, nachdem sie die Trommel durchzogen und dort Feuchtigkeit aufgenommen haben, erst am Schluß das noch kalte und feuchte Gut. Dabei kann es vorkommen, daß der im

Gas enthaltene Dampf am Gut kondensiert und das Material nicht trocknet, sondern befeuchtet. Will man dies vermeiden und trotzdem die bei manchen Gütern vorteilhafte Wirkung des Gegenstromverfahrens (s. Abschnitt VIII) erzielen, so muß man den feuchten Gasen in der Gefahrenzone trockene Gase beimischen. Man kommt so zu Bauarten, von denen Abb. 5 ein Beispiel zeigt.

Manchmal wünscht man, daß die Trommel verhältnismäßig kurz gebaut und am gleichen Ende be- und entladen wird. Auf Abb. 6 ist gezeigt, welche Lösung in diesem Falle möglich ist.

Eine Vertreterin der zweiten Hauptart der Trommeln, bei der die Wärme bringenden Gase mit dem Gut nicht in Berührung kommen, ist

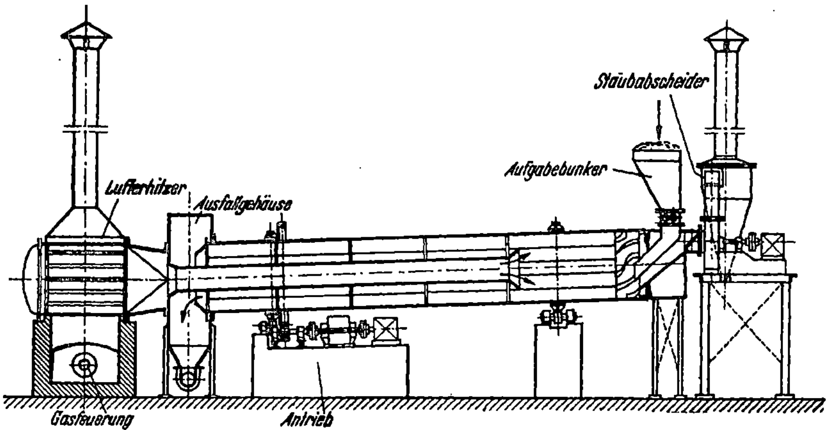


Abb. 5. Gegenstrom-Trocknungstrommel mit zentralem Rohr zum nachträglichen Beimischen von trockener zur bereits genutzten Luft.

auf Abb. 7 dargestellt. Das Behandlungsgut erhält die Wärme allein vom Trommelmantel her, so daß es möglich ist, besondere Gase zu Reaktionsprozessen durchs Trommelinnere zu führen. Wenn Feuchtigkeit aus dem Gut frei wird, muß in jedem Fall eine solche Menge eines geeigneten Gases durchs Trommelinnere geschickt und damit der entstehende Dampf so verdünnt werden, daß er in der Anlage nicht mehr kondensieren kann. Diese Menge ist meistens verhältnismäßig klein, und daher ist auch die Gasgeschwindigkeit im Inneren gering. Man kann folglich in außenbeheizten Trommeln auch Güter trocknen, die staubförmig sind oder es während der Trocknung werden.

Auf Abb. 8 ist ein anderer Trockner dargestellt, in dem heiße Verbrennungsgase ihre Wärme indirekt ans Gut abgeben. Die Gase ziehen durch den zylindrischen Raum, der das zentrale Trocknungsrohr umgibt, und werden dann gemeinsam mit den in einem Wärmeaustauscher vorgewärmten Gasen, die das Gut bestreichen, abgezogen. Das trockene

Gut gelangt über einen sog. „Spiralauslaß" ins Freie, worin das Gut selbst den genügend dichten Abschluß des Innenraumes gegenüber der

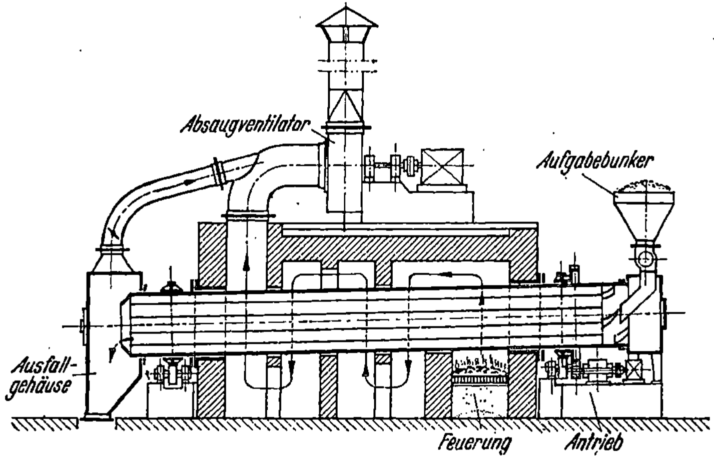



Abb. 6. Gleichstromtrommel mit Vor- und Rücklauf des Gutes.

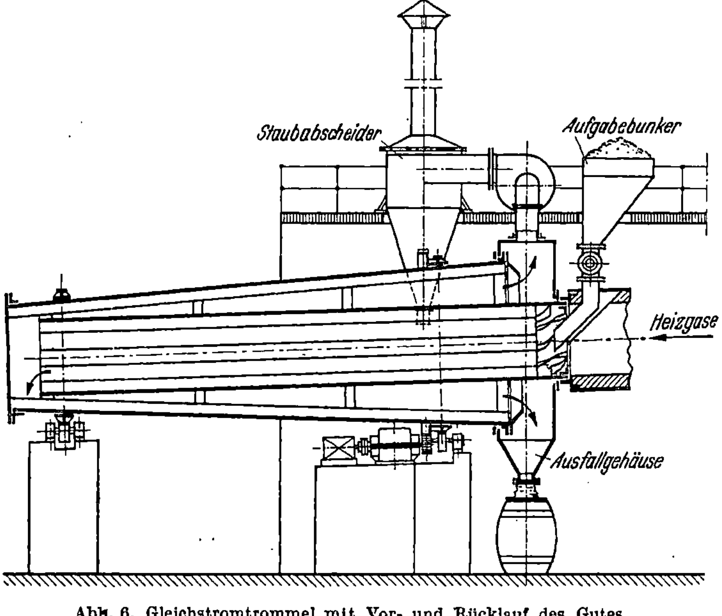



Abb. 7. Außenbeheizte Trommel mit Mauerwerksgehäuse.

äußeren Umgebung besorgt. Will man einen guten Wärmeübergang von den Verbrennungsgasen ans Trocknungsrohr erreichen, so muß man

dafür sorgen, daß die Gase nicht rein axial strömen, sondern durch
geeignete Einbauten immer wieder umgelenkt und durchwirbelt werden.
Auch kann man den Wärmeübergang vom Rohr ans Gut fördern, indem

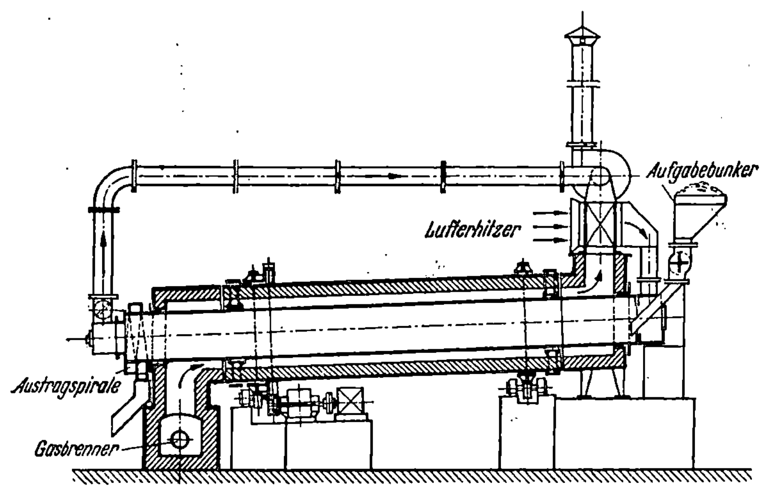



Abb. 8. Trommel mit zylindrischem Heizkanal um das innere Trocknungsrohr.

man die Rohrwandung so formt oder das Rohrinnere mit solchen Einbauten versieht, daß das Gut nicht als großer, fast starrer Haufen durchs
Rohr rutscht, sondern immer wieder gewendet und durchmischt wird,

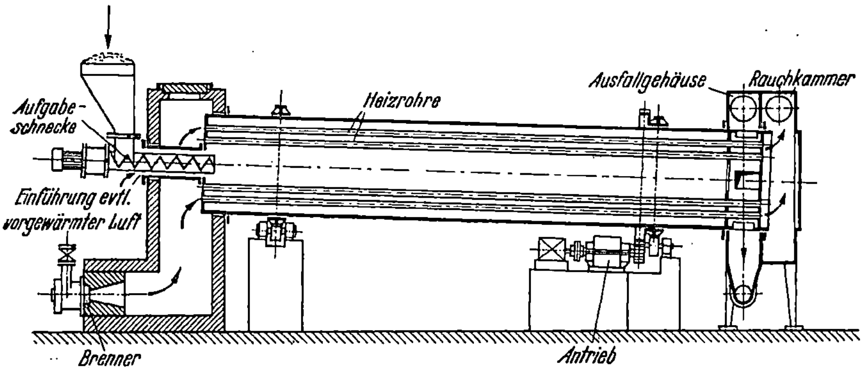



Abb. 9. Gleichstromtrommel mit rauchgasdurchströmten Heizrohren im Inneren.

so daß die Teile des Gutes untereinander die Plätze wechseln und gleich
häufig mit der Rohrwand in Berührung kommen.

Der Trockner nach Abb. 9 enthält im zylindrischen Trocknungsraum
mehrere Rohre, durch welche Gase strömen. Die Gase gelangen aus dem

Verbrennungs- und anschließenden Verteilraum in die Heizrohre und verlassen die Anlage über eine Sammelkammer, während das Gut, nachdem es die Trommel durchwandert und dabei die Rohre immer wieder berührt hat, durch Schlitze am Ende des äußeren Mantels in das Aus-

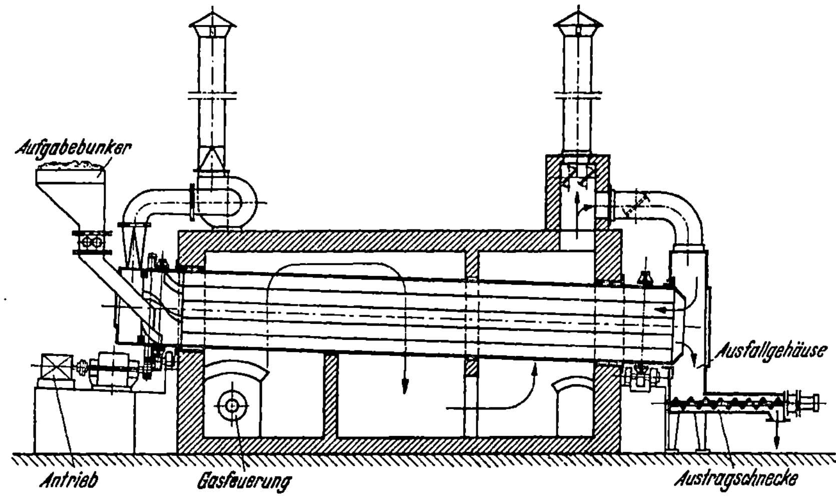


Abb. 10. Trommeltrockner mit Dampfheizrohren im Inneren.

fallgehäuse fällt. Wichtig bei solchen Trocknern ist, dafür zu sorgen, daß stets ein möglichst großer Teil der Heizrohroberfläche vom Gut bedeckt ist.

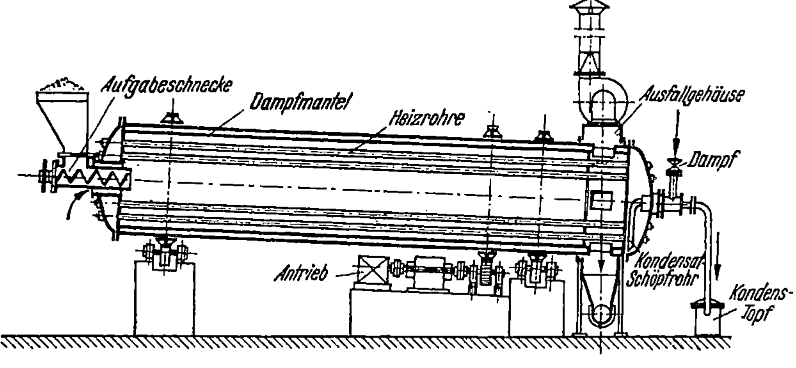


Abb. 11. Trommeltrockner mit Außen- und Innenheizung.

In Trocknern, die dem nach Abb. 9 verwandt sind, wird statt Rauchgas Dampf durch die Heizrohre geführt. Abb. 10 zeigt einen derartigen Trockner, bei dem die Heizrohre sowie der äußere doppelwandige Mantel als Heizfläche dienen.

Auf Abb. 11 ist eine Vertreterin der dritten Hauptart der Trommeln dargestellt. Die als Wärmebringer dienenden Rauchgase umspülen den Trommelmantel zuerst von außen und gelangen dann in voller Menge oder teilweise ins Innere, wo sie erneut Wärme ans Gut abgeben und gleichzeitig die verdunstende Feuchtigkeit aufnehmen.

Die Bilder und ein reichhaltiges Patentschrifttum zeigen, daß man Trommeln den jeweiligen Erfordernissen leicht anpassen kann. Für die weitaus größte Zahl von Gütern, die überhaupt in Trommeln getrocknet oder erwärmt werden können, genügen allerdings die einfachen Gleich- oder Gegenstromtrommeln gemäß den Abb. 1 und 2. Insbesondere haben sich die einfachen Gleichstromtrommeln für Trocknungsvorgänge bei einer so großen Zahl von Gütern bewährt, daß sie, mindestens in Deutschland, viel häufiger gebaut werden als Trommeln aller anderen Arten zusammen. Es ist daher gerechtfertigt, die folgenden theoretischen Darlegungen vornehmlich auf diese einfachen Apparate zu beschränken. Im übrigen kann die Theorie, die dargelegt wird, ohne große Schwierigkeiten auch auf die anderen Trommelarten ausgedehnt werden.

## III. Grundlegendes über den Trocknungsvorgang.

### A. Einige Begriffsfestlegungen.

Der verhältnismäßige Anteil an Feuchtigkeit, den das Trocknungsgut enthält, sei entweder gekennzeichnet durch die „Feuchtigkeitszahl" $\Phi_{St}$[1], worunter das Verhältnis des Gewichts $W$ der Feuchtigkeit zum Gewicht $G_{St}$ des Grundstoffs verstanden sei

$$\Phi_{St} = \frac{W}{G_{St}} \tag{1}$$

oder durch den „Feuchtigkeitsgehalt" $f$, der angibt, wieviel % des jeweiligen Gesamtgewichts das Gewicht $W$ der Feuchtigkeit ausmacht:

$$f = \frac{W}{G_{St} + W} \, 100. \tag{2}$$

Das in den Trommeln das Gut unmittelbar oder auf dem Umweg über Zwischenwände mittelbar erwärmende Gas heiße einfach „das Gas", auch wenn es sich im Einzelfall um Luft, Rauchgas oder dergleichen handelt. In keinem Fall ist damit das Brenngas (Leuchtgas, Generatorgas usw.) gemeint, das in den zu manchen Trommeln gehörenden Gasfeuerungen erst verbrannt werden muß. Stets ist auch angenommen, daß dieses Gas im Trockner „gasförmig" bleibt.

---

[1] Entgegen dieser Bezeichnung wird das Verhältnis $\Phi_{St}$ im Schrifttum häufig „Feuchtigkeitsgehalt" des Gutes genannt. Das Gut ist die Summe von $G_{St}$ und $W$, und nur in dieser Summe ist $W$ „enthalten", nicht in $G_{St}$ allein; also ist das Wort „Gehalt" für $\Phi_{St}$ fehl am Platze.

Als „Feuchtigkeit des Gases" gelte der im Gas enthaltene Dampf von der gleichen Art wie der aus der Feuchtigkeit des Gutes entstehende.

„Feuchtigkeitszahl des Gases" $\Phi_L$ sei die in kg ausgedrückte Dampfmenge, die auf 1 kg reintrockenen Gases entfällt.

$$\Phi_L = \frac{D}{L} \cdot \tag{3}$$

$D =$ Dampfmenge [kg],
$L =$ Menge reintrockenen Gases [kg].

## B. Die allgemeinen Gesetze der Feuchtigkeitsbewegung bei ruhendem Gut.

Die Gutsfeuchtigkeit muß, wenn sie vom Gut ins Trocknungsgas wandert, mehrere Schichten durchdringen. Zunächst in flüssigem oder dampfförmigem Zustand das eigentliche Gut und sodann als Dampf die Gasgrenzschicht. In der laminar strömenden Grenzschicht wandern die Feuchtigkeitsmolekeln einzeln (sie diffundieren), ihre Bewegung ist gehemmt, während sie im Hauptgasstrom durch Wirbelbewegungen des Gases rasch in größeren Mengen fortbewegt werden.

Die Trocknung ruhenden Gutes verläuft unter gleichbleibenden Bedingungen häufig in zwei Abschnitten, dem der ungefähr gleichbleibenden und dem der stark fallenden Trocknungsgeschwindigkeit, die durch den (ersten) Knickpunkt getrennt sind. Als Trocknungsgeschwindigkeit wird die Feuchtigkeitsmenge bezeichnet, die in der Zeiteinheit aus der Einheit der Gutsoberfläche ins Gas übertritt. Abb. 12 zeigt den Verlauf schematisch. Bei gewissen Gütern scheint nach den Beobachtungen einiger Forscher [1, 2, 3][1] der

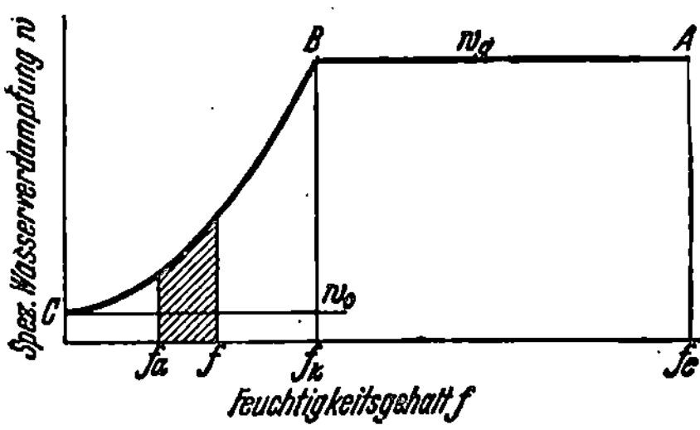


Abb. 12.
Verlauf der Trocknungsgeschwindigkeit unter gleichbleibenden Bedingungen (schematisch).

Abschnitt fallender Trocknungsgeschwindigkeit unter bestimmten Bedingungen einen weiteren Knickpunkt zu haben, der auf der Abbildung nicht angedeutet ist.

Während des ersten Abschnitts enthält die äußerste Gutsschicht einen Vorrat an Feuchtigkeit. Aus dem Gut tritt so viel Dampf aus, als unter den gegebenen Bedingungen durch die Gasgrenzschicht hindurchwandern kann. Solange diese Bedingungen gleichbleiben und die Grenzschichtdicke sich nicht ändert, bleibt auch die Trocknungs-

---

[1] Die Zahlen in eckigen Klammern verweisen auf das Schrifttumsverzeichnis am Ende der Arbeit.

geschwindigkeit dieselbe. Als treibende Kraft der Trocknung wirkt hier der Teildruckunterschied des Dampfes, der zwischen der Gutsoberfläche und dem Kern des Gasstromes herrscht. In 1 Stunde verdunstet dabei aus $F_C$ [m²] Gutsoberfläche die Feuchtigkeitsmenge [kg]:

$$W_F = F_C \frac{\beta}{R_D \cdot T} (P_D' - P_D) \quad [\text{kg/h}].\tag{4}$$

$\beta$ = Stoffübergangszahl [m/h],
$R_D$ = Gaskonstante der verdunstenden Feuchtigkeit [m/Grad],
$T$ = absolute Temperatur des Dampfes in der Grenzschicht (°K],
$P_D'$ = Teildruck des Dampfes an der Verdunstungsstelle [kg/m²], ziemlich genau
     gleich dem Sättigungsdruck bei der Temperatur der Verdunstungsstelle,
$P_D$ = Teildruck des Dampfes im freien Gasstrom [kg/m²].

Falls die gesamte zur Dampfbildung nötige Wärme unmittelbar aus dem Gas durch die Flächen ins Gut einströmt, aus denen auch die Verdunstung stattfindet, so hat die Gutsoberfläche im Beharrungszustand die Temperatur der „Kühlgrenze".

Bei Gütern, deren Oberfläche einigermaßen eben ist, hängt die Trocknungsgeschwindigkeit im ersten Abschnitt nicht stark von der Art des Gutes ab, sondern ist der Größenordnung nach ungefähr ebenso hoch wie die Verdunstungsgeschwindigkeit an einer reinen Wasseroberfläche, über die einige neuere Arbeiten vorliegen [4, 5, 6]. So fanden SHEPHERD und Mitarbeiter [7, 8] bei zahlreichen Versuchen mit Gütern der verschiedensten Art nur eine mittlere Abweichung von 10 bis 20%.

Da die äußerste Gutsschicht nur eine begrenzte Menge Feuchtigkeit faßt, hätte der erste Trocknungsabschnitt kurze Dauer, wenn nicht fortwährend Feuchtigkeit vom Gutsinneren nach der Oberfläche strömen würde. Diese Bewegung geschieht in „porösen" Gütern infolge von Kapillarkräften. Die Aufklärung der Vorgänge, die von diesen Kräften herrühren, verdanken wir neben anderen Forschern vor allem KRISCHER [9, 10, 11, 12, 13].

Dem kapillaren Zug, mit dem die engen Kapillaren, die an der Oberfläche münden, die mit ihnen verbundenen weiten Poren leersaugen, wirken zwei Kräfte entgegen: das Gewicht der Flüssigkeitsfäden, falls die Feuchtigkeit nach oben wandern muß, und die Flüssigkeitsreibung. Je größer diese Gegenkräfte sind, desto eher treten die Menisken der saugenden Kapillaren von der Gutsoberfläche zurück, und desto früher wird der (erste) Knickpunkt erreicht. Wenn die Gutsschicht dünn ist, sind die Flüssigkeitsfäden kurz, die Reibungskraft und das Gewicht der Fäden sind klein, und der erste Abschnitt der Trocknung endet bei niedrigem Gesamtfeuchtigkeitsgehalt des Gutes.

Für das Weitere sei daraus entnommen: Während des ersten Abschnitts der Trocknung haben die im Gutsinneren stattfindenden Vorgänge und die Schichtdicke keinen Einfluß auf die Trocknungsgeschwindigkeit, sie bestimmen aber, wann der Abschnitt endet. Solange sich die äußerste Gutsschicht nicht im hygroskopischen Bereich befindet, hat bei gleicher Oberflächenausbildung auch die Gutsart keine Bedeutung.

Nachdem der (erste) Knickpunkt in der Kurve der Trocknungsgeschwindigkeit erreicht ist, ziehen sich die Menisken der Flüssigkeitsadern ins Gutsinnere zurück. Für die Feuchtigkeitsmenge, die in der Zeiteinheit zur Gutsoberfläche wandert, werden dann zunehmend die im Gutsinneren herrschenden Bedingungen maßgebend. Drei verschiedene Arten der Feuchtigkeitswanderung im Gut scheinen dabei möglich zu sein: die Wanderung der Flüssigkeitsstränge infolge von kapillaren Zugunterschieden an den Strangenden, die Diffusion des im Gutsinneren sich bildenden Dampfes durch das in den Gutsporen befindliche Gas infolge von Dampfdruckunterschieden (in sehr engen Poren durch die Porenwandungen behindert und in KNUDSENsche Molekularströmung ausartend) sowie die Grenzflächendiffusion der Feuchtigkeit an den Porenwandungen, die bei sehr gleichmäßiger Verteilung der Feuchtigkeit im Grundstoff ähnlich vor sich geht wie die Diffusion einer Flüssigkeit in eine andere.

In diesem zweiten Abschnitt der Trocknung sind die Schichtdicke, die Gutsart und das Temperaturfeld im Gut entscheidend für die Trocknungsgeschwindigkeit.

## C. Die Besonderheiten der Wärme- und Feuchtigkeitsbewegung in Gut, das fortwährend umgeschüttet wird.

In ruhenden Gutshaufen sind nur die an der Oberfläche befindlichen Körner der Einwirkung des Gasstromes ausgesetzt. Bei den Gutshaufen in Trommeln aber gelangen immer wieder neue Körner zur Oberfläche, weil die Haufen fortwährend umgeschüttet werden. Hier haben wir es mit einer sich stetig erneuernden Oberfläche zu tun. Dies hat Bedeutung für den Wärme- und Stoffaustausch.

Wir berechnen die durchschnittliche Zeit, die von dem Augenblick an verfließt, an dem ein Gutskorn an die Haufenoberfläche kommt, bis zu dem Zeitpunkt, an dem es von der Oberfläche wieder verschwindet.

Die Zahl der Gutskörner je m³ eines Haufens sei $N_1$ und also der Raum, der im Durchschnitt für ein einzelnes Korn zur Verfügung steht, $1/N_1$ [m³]. Ist dieser Raum würfelförmig, so hat jeder Elementarwürfel die Kantenlänge $N_1^{-1/3}$ [m]. Die wirklichen Körner sind unregelmäßig gestaltet. Ihre Größe (charakteristische Abmessung) sei ein Vielfaches der genannten Kantenlänge und also durch das Maß

$$d_K = \tau_p \cdot N_1^{-1/3}$$

charakterisiert, worin $\tau_p$ ein Faktor ist, der von der Packungsdichte der Körner abhängt.

Ein Elementarwürfel der gedachten Art hat 6 Seitenflächen, von denen jede die Größe $N_1^{-2/3}$ [m²] besitzt. Lägen alle Würfel eines Haufens mit dem Gesamtvolumen $F_{St} \cdot l$ ($F_{St}$ = Querschnittsfläche, $l$ = Haufenlänge) in einer ebenen Schicht dicht nebeneinander, so hätte diese Schicht mit $F_{St} \cdot l \cdot N_1$ Würfeln die Oberfläche

$$F_{St} \cdot l \cdot N_1 \cdot N_1^{-2/3} \quad [\text{m}^2].$$

So wie er in der Trommel liegt, hat der Haufen aber nur die Oberfläche $F_{C_L, St}/j$, worin $j$ die Zahl der Haufen in der Trommel ist und $F_{C_L, St}$ die gesamte freie Oberfläche aller Haufen in der Trommel bedeutet (Berechnung s. Abschnitt V A). Wir denken uns diese Oberfläche eben und von dicht nebeneinander liegenden Würfeln bedeckt. Dann hat, wenn sich die einzelnen Elementarwürfel beim Umlagern des Haufens gleich lange an der Haufenoberfläche aufhalten, jeder Würfel von der gesamten Aufenthaltszeit $t_{St}$ des Gutes in der Trommel nur den Teil

$$t_{Ob} = t_{St} \frac{F_{C_L, St}}{j \cdot F_{St} \cdot l \cdot \sqrt[3]{N_1}} = t_{St} \frac{F_{C_L, St} \cdot d_K}{j \cdot F_{St} \cdot l \cdot \tau_p} \quad [\text{h}] \qquad (5)$$

zum Aufenthalt an der Oberfläche zur Verfügung. Wenn man in diese Gleichung den später errechneten Ausdruck für $F_{C_L, St}$ einsetzt, erhält man nach einigen Umformungen eine Gleichung, aus der hervorgeht, daß die Aufenthaltszeit der Gutskörner an der Haufenoberfläche mit größer werdendem Füllungsgrad der Trommel ab- und mit wachsender Korngröße zunimmt, im übrigen aber von der Haufenzahl und der Zahl der Gutsabrieselungen je Umdrehung der Trommel abhängt. Bei dem Rechenbeispiel, das im Abschnitt V F angegeben ist und das ungefähr durchschnittlichen Verhältnissen in einer Trommel mit Quadranteneinbau entspricht, hält sich ein Korn während einer Stunde durchschnittlich nur 2,9 Minuten lang an der Oberfläche auf.

Dadurch, daß die Gutshaufen fortwährend umgeschüttet werden, gelangt mit den Gutskörnern Feuchtigkeit von einer Stelle zur anderen. Diese „mechanische" Feuchtigkeitsbewegung hat zur Folge, daß sich zwischen den Körnern der Haufen nur geringe Feuchtigkeitsunterschiede einstellen, viel geringere als in ruhenden Haufen.

Wenn ein Gutshaufen von einem Einbaublech zum anderen abrieselt, bilden sich zwischen den Körnern Räume, in die hinein Gutsfeuchtigkeit verdunstet. Beim nächsten Abrieseln werden diese Räume geöffnet und der darin befindliche Dampf mit dem eingeschlossen gewesenen Gas in den freien Gasstrom entlassen. Auch hierdurch wird also Dampf aus dem Gutshaufen herausbefördert. Diese andere Art von mechanischer Feuchtigkeitsbewegung ist allerdings nicht sehr bedeutend, da der Dampf nur langsam in das in den Zwischenräumen befindliche Gas hineinwandert und das Fassungsvermögen der Räume gering ist.

Der starken mechanischen Feuchtigkeitsbewegung in den Gutshaufen sind schwache andere Feuchtigkeitsbewegungen überlagert.

Kapillare Feuchtigkeitsbewegung setzt das Vorhandensein zusammenhängender Flüssigkeitsadern im Haufeninnern voraus. Nur wenn die Adern eine gewisse Zeit lang bestehen und die Richtung des kapillaren Zuges dieselbe bleibt, können beachtliche Feuchtigkeitsbewegungen zustande kommen. In Haufen, deren Flüssigkeitsadern wie in Trommeln immer wieder zerrissen werden, so daß der Zug der Menisken häufig die Richtung wechselt, kann die kapillare Förderung in den Räumen zwischen den Körnern nicht bedeutend sein.

Auch die Feuchtigkeitsbewegung infolge von Dampfdruckunterschieden in den Kornzwischenräumen wird selten ins Gewicht fallen. Solche Unterschiede brauchen Zeit, um sich auszuwirken. Da überall im Haufeninneren Feuchtigkeit unter fast gleichen Bedingungen verdunstet, solange die eingeschlossene Luft ungesättigt ist, da die Diffusionswege des Dampfes nach außen verhältnismäßig lang sind und da die Zeit zwischen zwei Umschüttungen des Haufens nur kurz ist, wird sich nur zwischen den äußersten Gutsschichten und dem freien Gasstrom ein merkliches Dampfdruckgefälle ausbilden können, im Haufeninneren nicht, so daß von dort auch kein Dampf nach außen diffundiert.

Weil sich hiernach im „Haufen"inneren kaum Feuchtigkeitsunterschiede ausbilden können, folgt, daß die „Haufendicke" in Trommeln nicht den gleichen Einfluß auf den Trocknungsverlauf haben kann wie in Trocknern mit ruhenden Gutsschichten. Als „Schichtdicke" ist hier in gewissem Sinn die Dicke des einzelnen Kornes anzusehen.

Nun ist, wie wir sahen, ein bestimmtes Korn in Trommeln jeweils nur kurzzeitig der Einwirkung des Trocknungsgasstromes ausgesetzt. Viel längere Zeit ist es im Haufeninneren verborgen. Solange das Korn aber im Haufeninneren liegt, wird die Feuchtigkeit, die während der übrigen Zeit aus den äußersten Gutsschichten verdunstet, durch Feuchtigkeit aus dem Inneren ersetzt. Wenn das Korn dann wieder zur Oberfläche kommt, bietet es dem Gasstrom eine neu befeuchtete Austauschfläche dar. Insgesamt bleibt so die feuchte Haufenoberfläche länger erhalten als bei ruhender Trocknung.

Die Körner, die in Trommeln getrocknet werden, haben in den drei Raumrichtungen Abmessungen, die meistens von gleicher Größenordnung sind. Ferner wandert die Feuchtigkeit in diesen Körnern nach mehreren Richtungen. Der durchschnittliche Weg zur Oberfläche ist deshalb kürzer als bei der eindimensionalen Trocknung der Stoffteile. Es kommt hinzu, daß aus geometrischen Gründen der Hauptteil der Kornfeuchtigkeit sowieso in den äußeren Kornschichten sitzt, denn diese Schichten tragen ja viel mehr zum Gesamtvolumen bei als die inneren.

So folgt, daß die Trocknung in Trommeln eine Art Dünnschichttrocknung ist.

Noch eine Tatsache sei erwähnt. In ebenen, waagerecht liegenden Gutsschichten, denen die Feuchtigkeit oben entzogen wird, wirkt die Schwerkraft dem von dorther ausgeübten kapillaren Zug entgegen. In Trommeln, wo das Korn nahezu allseitig Feuchtigkeit abgibt, scheidet dieser Schwerkrafteinfluß für einen großen Teil der Feuchtigkeit aus, und die Menisken der Flüssigkeitsfäden treten später ins Gutsinnere zurück als sonst.

Alle diese Umstände bewirken, daß in Trommeln vornehmlich die wenigen Einflußgrößen, die im ersten Trocknungsabschnitt eine Rolle spielen, die Geschwindigkeit des Vorgangs bestimmen.

Diese Feststellung soll nicht besagen, ein Abschnitt gleichbleibender Trocknungsgeschwindigkeit trete in Trommeln wirklich in Erscheinung. Tatsächlich kann man nämlich keinen solchen Abschnitt beobachten, denn gleichbleibende Trocknungsgeschwindigkeit setzt u. a. gleichbleibende Gastemperatur voraus, und eine solche ist in Trommeln nicht vorhanden. Es soll vielmehr nur gesagt sein, daß die inneren Eigenschaften des Gutes und das Temperatur- und Feuchtigkeitsfeld im Korninneren in der Regel keinen Einfluß auf die Trocknungsgeschwindigkeit ausüben.

Bevor aus dieser Tatsache zum Lösen der ersten eingangs erwähnten Teilaufgabe Folgerungen gezogen werden, muß auf die Bestimmung der Größe und des Wärmebedarfs von Trommeln eingegangen werden.

# IV. Wärmebedarf und Leistung von Drehtrommeln, in denen sich Gas und Gut unmittelbar berühren.

## A. Wärmebedarf der Trommeln.

Es sei

$G_{St}$ [kg/h] die Menge des Grundstoffs, die stündlich den Trockner durchwandert,

$W_F$ [kg/h] die stündlich verdampfende Feuchtigkeitsmenge,

$W_R$ [kg/h] die im Gut zurückbleibende Feuchtigkeitsmenge,

$L$ [kg/h] die Menge des die Wärme in die Trommel bringenden Gases,

$r$ [kcal/kg] die Verdampfungswärme der Gutsfeuchtigkeit bei der Eintrittstemperatur,

$\vartheta_{St_e}$ [°] die Eintrittstemperatur des Gutes,

$\vartheta_{St_a}$ [°] die Austrittstemperatur des Gutes,

$\vartheta_{L_e}$ [°] die Temperatur des heißen Gases beim Eintritt in die Trommel,

$\vartheta_{L_a}$ [°] die Austrittstemperatur des Gases,

$c_{St}$ [kcal/kg°] die mittlere spezifische Wärme des Grundstoffes zwischen $\vartheta_{St_e}$ und $\vartheta_{St_a}$,

$c_L$ [kcal/kg°] die mittlere spezifische Wärme (bei konst. Druck) des Gases zwischen $\vartheta_{L_e}$ und $\vartheta_{L_a}$,

$c_D$ [kcal/kg°] die mittlere spezifische Wärme (bei konst. Druck) des entstehenden Dampfes zwischen $\vartheta_{St_e}$ und $\vartheta_{L_a}$,

$c_w$ [kcal/kg°] die mittlere spezifische Wärme der im Gut verbleibenden Feuchtigkeit zwischen $\vartheta_{St_e}$ und $\vartheta_{St_a}$,

$Q_A$ [kcal/h]  der besondere Wärmeaufwand zum Schmelzen gefrorener, zum Abtrennen adsorbierter oder in den Gutskristallen gebundener Feuchtigkeit und zum Lösen sonstiger Bindungen.

Wenn sich der entstehende Dampf mit dem Gas vermischen kann und der Druck aller beteiligten Stoffe ungefähr gleichbleibt, findet man dann den Wärmebedarf der Anlage aus folgenden Einzelbeträgen:

| | kcal/h |
|---|---|
| Aufwand zur Feuchtigkeitsverdampfung . . | $Q_F = W_F \cdot r$ |
| Aufwand zur Dampferwärmung. . . . . . . | $Q_D = W_F \cdot c_D \cdot (\vartheta_{L_a} - \vartheta_{St_e})$ |
| Aufwand zum Erwärmen des Grundstoffs . . | $Q_{St} = G_{St} \cdot c_{St} \cdot (\vartheta_{St_a} - \vartheta_{St_e})$ |
| Aufwand zum Erwärmen der Restfeuchtigkeit | $Q_R = W_R \cdot c_w \cdot (\vartheta_{St_a} - \vartheta_{St_e})$ |
| Besonderer Aufwand. . . . . . . . . . . . | $Q_A$ |
| Wärmeverlust an den Trommelwandungen. . | $Q_0$ |
| Zusammen . . . . . . . | $Q_T$ |

Bedarf an Heißgas

$$L' = \frac{Q_T}{c_L \cdot (\vartheta_{L_e} - \vartheta_{L_a})} \quad [\text{kg/h}] . \tag{6}$$

Zu $Q_T$ kommen noch die oft erheblichen Abgasverluste, die entstehen, weil die die Anlage verlassenden Gase (ohne den vom Gut stammenden Dampf) mehr fühlbare Wärme forttragen, als sie beim Eintritt in den Lufterhitzer oder die Feuerung, in der sie erwärmt oder erzeugt wurden, besaßen oder als die Stoffe enthielten, aus denen sie entstanden. Ferner müssen dazu noch die Wärmeverluste gezählt werden, die an den Wandungen des Gaserhitzers und an den Verbindungsleitungen zwischen dem Erhitzer und der Trommel auftreten.

Als Anhaltswert für den Gesamtaufwand bei der Trocknung wasserhaltiger Güter, in denen die Feuchtigkeit nicht im Kristall gebunden ist, können 900 bis 1000 kcal je kg verdunstenden Wassers gelten. Güter, die sehr feucht sind und bei hoher Gaseintrittstemperatur getrocknet werden, erfordern gelegentlich einen geringeren Aufwand, temperaturempfindliche Stoffe mit niedrigem Anfangsfeuchtigkeitsgehalt häufig einen höheren. Gewöhnlich entfällt der größte Teil des Wärmebedarfs auf den Posten „Feuchtigkeitsverdampfung".

Wie aus obigem hervorgeht, hat eine hohe *Gaseintrittstemperatur* $\vartheta_{L_e}$ niedrigen Bedarf der Trommel an Heißgas und daher auch an Wärme zur Folge. Es leuchtet ein, daß bei hohem $\vartheta_{L_e}$ — unter sonst gleichen

Bedingungen — auch der Temperaturunterschied zwischen Gas und Gut in der Trommel größer und die übertragene Wärmemenge beträchtlicher ist als bei niedrigem $\vartheta_{L_e}$, so daß man eine kleinere Trommel wählen kann. Aus beiden Gründen wird man mit $\vartheta_{L_e}$ bis an die obere Grenze gehen.

Im Einzelfall ist diese obere Grenze von $\vartheta_{L_e}$ gezogen:

a) durch die Art des Gutes. Sehr feuchte, wenig temperaturempfindliche Güter und Stoffe mit hoher spezifischer Wärme vertragen höhere Gaseintrittstemperaturen als andere. (Ein Gut leidet aber nur dann Schaden, wenn es während längerer Zeit eine hohe „Eigen"temperatur besitzt.)

b) durch die Art des Werkstoffes, aus dem die Trommel besteht.

c) durch die Art und Herkunft der Gase, so besonders bei Abgasen aus Kessel- und Ofenfeuerungen, deren Temperatur meistens festliegt.

d) durch die Art und Temperatur des Heizmittels. Wenn das Gas in Wärmeaustauschern erst mittels Dampf, Heißwasser, Rauchgasen usw. erhitzt werden muß, ist es nicht möglich, seine Temperatur über die Eintrittstemperatur des Heizmittels zu erhöhen. Praktisch bleibt die Gaseintrittstemperatur sogar stets beträchtlich darunter.

Die *Gasaustrittstemperatur* $\vartheta_{L_a}$, d. h. die Temperatur, mit der das Gas die Trommel verläßt, kann an sich durch Verändern der Gasmenge ziemlich beliebig gesteuert werden. Praktisch allerdings wählt man $\vartheta_{L_a}$ stets verhältnismäßig niedrig, weil eine Trommel in der Regel um so wirtschaftlicher arbeitet, je tiefer $\vartheta_{L_a}$ liegt. Man darf aber mit $\vartheta_{L_a}$ nicht so weit heruntergehen, daß der im Gas enthaltene Dampf noch innerhalb der Trommel oder in den nachgeschalteten Rohrleitungen kondensiert (Durchschnittswerte von $\vartheta_{L_a}$, die aus Versuchen an einer kleinen Trommel erhalten wurden, zeigt Abb. 19).

## B. Vorausbestimmen der Trommelleistung.

### 1. Allgemeine Bemessungsgrundsätze.

Die Abmessungen einer Trommel müssen sich richten nach:

dem gewünschten Durchsatzvolumen an Behandlungsgut je Stunde und den Unterbrechungen, mit denen bei der Beschickung der Trommel gerechnet werden muß;

der Zeit, die das Gut braucht, damit es den gewünschten Endzustand erreicht. Diese hängt ab von den Eigenschaften und dem gewünschten Endzustand des Gutes sowie von der Temperatur, Feuchtigkeit und Menge des die Wärme bringenden Gases;

der möglichen Gestaltung der Trommel, d. h. nach der Art, wie die Wärme an das Gut übertragen werden kann (innen- oder außenbeheizte Trommel), nach der Art, wie die Einbauten gestaltet werden müssen, und nach dem Werkstoff, der zum Bau der Trommel benutzt werden soll;

der Geschwindigkeit, mit der das Gas am Gut vorbeistreichen darf.

In einem gegebenen Fall stehe das Volumen des in der Trommel befindlichen Gutes zum gesamten Leervolumen der Trommel im Verhältnis $\tau : 1$. Wir wollen $\tau$ den „Füllungsgrad" der Trommel heißen. Man hält dieses $\tau$ so hoch, daß möglichst viel Material derart über den Trommelquerschnitt verteilt ist, daß die ans Gut übergehende Wärmemenge und die verdunstende Feuchtigkeitsmenge Größtwerte annehmen. Dieses günstigste $\tau$ hat bei Trommeln mit Quadranteneinbau erfahrungsgemäß den Wert 0,2 bis 0,3 [14, 34], bei Trommeln mit Hubschaufeln den Wert 0,1 bis 0,12.

Es sei ferner $G$ der gewünschte Stundendurchsatz an Gut [kg/h], wobei unter Durchsatz der Mittelwert der ein- und austretenden Gutsmenge verstanden sei. Das Gut habe im Mittel das Schüttgewicht $\bar{\gamma}_n s^t$ [kg/m³].

Wenn das Gut $t_{St}$ Stunden in der Trommel verweilen soll, muß dann die Trommel das Leervolumen

$$V = \frac{G \cdot t_{St}}{\gamma_{n\,St} \cdot \tau} \quad [\text{m}^3] \tag{7}$$

erhalten. Die Zeit $t_{St}$ wird durch Versuche bestimmt oder geschätzt.

Erwärmungstrommeln kann man anstatt mittels Gl. (7) oft genügend genau mittels der bekannten Beziehungen bemessen, die für verlustlose Wärmeaustauscher gelten [15, 16]. Man muß sich dazu der später erwähnten Gesamtwärmeübergangszahl bedienen.

Will man eine Trocknungstrommel bemessen, so geht man anstatt von der Trocknungszeit oft besser von der „durchschnittlichen spezifischen Feuchtigkeitsverdampfung" $\overline{w}$ aus, d. i. der Zahl, die angibt, wieviel kg Feuchtigkeit je m³ des Leervolumens der Trommel stündlich das Gut verlassen:

$$V = \frac{W_F}{\overline{w}} \quad [\text{m}^3 \text{ Trommelleervolumen}]. \tag{8}$$

$W_F$ = stündlich verdunstende Feuchtigkeitsmenge [kg/h].

Dieses $\overline{w}$ ist eine Art „Trocknungsgeschwindigkeit", die allerdings nicht, wie sonst üblich, auf eine Flächen-, sondern auf eine Raumeinheit bezogen ist. Sie gilt auch nicht für einen kurzen Zeitabschnitt, sondern ist die Durchschnittsgeschwindigkeit für den Gesamtvorgang.

### 2. Betrachtungen über die wichtigsten Größen, die Einfluß auf die Leistungen solcher Trocknungstrommeln haben, in denen sich Gas und Gut unmittelbar berühren. Die entscheidende Bedeutung der Gaseintrittstemperatur.

Man kann die durchschnittliche spezifische Wasserverdampfung aus den Betriebs- und Versuchsergebnissen berechnen, die man an Trommeln gewinnt, in denen gleichartiges Material unter ähnlichen Bedingungen getrocknet wird wie in der zu bemessenden Trommel. Aber wie schon in der Einleitung erwähnt wurde, kennt man häufig solche Ergebnisse nicht, wie z. B. dann, wenn der zu trocknende Stoff in genügender Menge erst erzeugt wird, wenn die geplante Anlage läuft. Man ist dann gezwungen, $\overline{w}$ allein mit Hilfe des gewöhnlich bekannten Anfangs- und des gewünschten Endfeuchtigkeitsgehalts des Gutes und der zulässigen oder möglichen Anfangstemperatur des Trocknungsgases zu schätzen.

Wenn der erfahrene Ingenieur bei diesem Schätzen oft zu Werten kommt, die recht gut stimmen, so ist dies offensichtlich nur möglich, weil von der Vielzahl der Werte, die im allgemeinen Einfluß auf den Trocknungsvorgang haben, in Trommeln vor allem die erwähnten Daten bedeutungsvoll sind, oder, faßt man Güter gleichen Anfangs- und Endfeuchtigkeitsgehalts ins Auge, weil hier die Anfangstemperatur des Gases besonders starken Einfluß auf $\overline{w}$ hat. Wir wollen klären, weshalb dies so ist, und stellen dazu als erstes fest, welche Größen überhaupt auf $\overline{w}$ einwirken.

Es wurde oben gesagt, daß $\overline{w}$ eine „Trocknungsgeschwindigkeit" sei. Trocknungsgeschwindigkeiten hängen „in Trommeln", wie im Abschnitt III C dargelegt wurde, gewöhnlich nur wenig von den inneren Eigenschaften des Gutes und dem Temperatur- und Feuchtigkeitsfeld im Korninneren ab. Hier sind vornehmlich die „äußeren" Trocknungsbedingungen maßgebend. Wenn das Gut doch gelegentlich in den Zustand kommt, wo die inneren Bedingungen entscheidend werden, so nur am Ende der Trocknung und kurzzeitig, und dann können diese Bedingungen das Durchschnittsergebnis häufig nicht mehr stark ändern.

Im folgenden wird vorläufig unterstellt, die äußeren Bedingungen seien allein maßgebend und das Gut sei an der Oberfläche nicht hygroskopisch. Für die in einem sehr kurz gedachten Trommelstück aus $F_c$ [m²] der „freien" Oberfläche eines bestimmten Gutes stündlich verdunstende Feuchtigkeitsmenge $w_F$ gilt dann Gl. (4). Zum Verdunsten dieser Feuchtigkeitsmenge ist die Wärmemenge

$$w_F \cdot [r + c_D \, (\vartheta_L - \vartheta_{St})]$$

nötig, worin der Ausdruck in der eckigen Klammer die Wärmemenge bedeutet, die zum Verdampfen von 1 kg der Feuchtigkeit bei der durchschnittlichen Gutstemperatur $\vartheta_{St}$ und zum Erwärmen des Dampfes von $\vartheta_{St}$ auf $\vartheta_L°$ nötig ist.

$r\ = $ Verdampfungswärme der Feuchtigkeit [kcal/kg],
$c_D =$ spezifische Wärme des entstehenden Dampfes [kcal/kg°],
$\vartheta_L =$ Gastemperatur [°].

In dem betrachteten Trommelstück wird nicht nur Feuchtigkeit verdunstet, sondern es wird auch Gut erwärmt und Wärme durch die

Trommelwandung nach außen abgegeben. Wir nehmen an, daß von der gesamten nötigen Wärmemenge $q$ der Hauptteil $z_a \cdot q$ zum Verdunsten der Feuchtigkeit, der Rest für die anderen Erfordernisse gebraucht wird. Der Faktor $z_a < 1$ sei für die folgenden groben Überlegungen als gleichbleibend angesehen.

Die Gesamtwärmemenge $q$ kann nur dem Gas entzogen werden gemäß der Gleichung

$$q = F \cdot \alpha \cdot (\vartheta_L - \vartheta_{St_o}). \tag{9}$$

$F$　= Gesamtfläche, an der das Gut Wärme aus der Umgebung nimmt [m²],
$\alpha$　= Wärmeübergangszahl [kcal/m²h°],
$\vartheta_{St_o}$ = Temperatur des Gutes an der Oberfläche (meistens ungefähr gleich $\vartheta_{St}$).

Somit folgt aus (4) und (9) die den Gesamtvorgang beschreibende Doppelgleichung

$$W_F \doteq F_c \frac{\beta}{R_D \cdot T} (P_D' - P_D) = \frac{z_a \cdot F}{[r + c_D (\vartheta_L - \vartheta_{St})]} \cdot \alpha \cdot (\vartheta_L - \vartheta_{St_o}) \tag{10}$$

Die Flächen $F_c$ und $F$ sind in einer gegebenen Trommel verschieden groß, aber bei einem bestimmten Gut und gegebenen Füllungsgrad der Trommel Festwerte. Die Größen $P_D'$ und $\vartheta_{St_o}$ verändern beim Durchlauf des Gutes durch die Trommel fortwährend ihren Betrag; sie können nicht beliebig gewählt werden und sind über die Sattdampfkurve der Feuchtigkeit eng miteinander verbunden. $\alpha$ und $\beta$ hängen einesteils von der Gasgeschwindigkeit, andernteils von der Oberflächenbedingung des Gutes ab, wobei unter Oberflächenbedingung alle diejenigen Daten verstanden seien, die bestimmen, welche Form die Gutsberandungen haben und in welchem Grade sie fähig sind, Wärme aufzunehmen und Dampf abzugeben. Zu diesen Daten zählen die Korngröße des Gutes, die Einbaukonstruktion, die Trommeldrehzahl und andere, die man praktisch nur wenig oder gar nicht in der Hand hat.

Als einzige Größen, mit denen man nach Gl. (10) die an einer beliebigen Stelle einer gegebenen Trommel aus 1 m² Gutsoberfläche stündlich verdunstende Feuchtigkeitsmenge — also die Trocknungsgeschwindigkeit — an sich beliebig verändern kann, verbleiben

die Gastemperatur $\vartheta_L$,
die Gasgeschwindigkeit $v_L$,
der Teildruck $P_D$ des Dampfes im Gas (oder die Gasfeuchtigkeit).

Es wird nun erstens gezeigt, daß die Werte dieser Größen an einer beliebigen Stelle der Trommel durch die Werte am Trommelanfang vorbestimmt sind, und zweitens, daß bei gegebenem Gut die Geschwindigkeit und Feuchtigkeit des Gases an dieser Stelle fast allein von der Gaseintrittstemperatur abhängen. Damit ist dann die entscheidende Bedeutung der Gaseintrittstemperatur gezeigt.

Wir betrachten eine bestimmte Gleichstromtrommel, und zwar der Einfachheit halber eine solche, an deren Wandungen keine Wärme nach außen verlorengeht. Eine solche Trommel ist im Prinzip nichts anderes als ein Rohr, durch das zwei Stoffe stetig hindurchfließen, die aufeinander einwirken, Gas und Gut. Die Art des Einbaus sowie die Drehzahl und die Neigung der Trommel seien gegeben. Da die Trommel nach unseren Voraussetzungen nur vorne Stoffe und Energien empfängt, kann das Ergebnis der Einwirkung nur von den „anfänglichen Mengen und Eigenschaften" (Temperatur, Feuchtigkeitsgehalt usw.) der Stoffe abhängen. Wäre die Trommel unendlich lang, dann ließe sich, wenigstens theoretisch, sofort auch der Endzustand der Stoffe angeben; es wäre dies der Zustand, bei dem alle Temperaturunterschiede verschwunden wären und das Gut im hygroskopischen Gleichgewicht mit dem Gas stünde. In wirklichen Trommeln wird der Ausgleichszustand nicht erreicht (s. Abb. 27), vielmehr wird der „Ausgleichsvorgang" hier zu irgendeinem Zeitpunkt unterbrochen. Die Unterbrechung geschieht an der Stelle, wo die Trommel endet. Da man die Trommel aber an jeder Stelle senkrecht zur Achse durchgeschnitten und dort endigend denken kann, folgt, daß bei gegebenem Gut der ganze Zustandsverlauf der Stoffe und die Feuchtigkeitsmenge, die in der ganzen Trommel und in Teilen davon verdunstet, wie behauptet allein von den anfänglichen Mengen und Eigenschaften der Stoffe abhängt.

Der anfängliche Zustand und die Menge des Gutes sind nun stets gegeben oder vorgeschrieben. Ferner ist der meistens geringe Feuchtigkeitsgehalt des eintretenden Gases immer durch irgendwelche Betriebsbedingungen festgelegt und spielt, weil das Gas am Anfang der Trommel sowieso meistens sehr viel Feuchtigkeit aus dem Gut aufnehmen muß, beim ganzen Geschehen keine große Rolle. Von den anfänglichen Bedingungen, die den Verlauf und das Ende des Trocknungsvorgangs bestimmen, sind daher nur die Menge und die Temperatur des Gases zum Steuern des Vorgangs geeignet. Ist die anfängliche Gastemperatur vorgeschrieben, so ist aber, wie wir nun sehen werden, auch die Gasmenge praktisch nicht frei wählbar.

Nach Abschnitt IV A kann man bei gegebener Verdunstungsleistung der Trommel die Gasmenge leicht berechnen, wenn man weiß, mit welchen Temperaturen das Gas und das Gut die Trommel verlassen. Es wurde auch schon gesagt, daß man die Gasendtemperatur „an sich" wählen kann. Tatsächlich aber hat man wegen wirtschaftlicher, technologischer und betrieblicher Notwendigkeiten gewöhnlich nur geringe Wahl und muß die Gasendtemperatur meistens verhältnismäßig niedrig halten, nämlich um so niedriger, je niedriger die Anfangstemperatur ist (vgl. Abb. 19). Die Endtemperatur des Gutes, die meistens wenig Einfluß auf die erforderliche Gasmenge hat, ergibt sich von allein fast immer niedriger als die Gasendtemperatur. Insgesamt sind die Bereiche, in denen die beiden Endtemperaturen in Wirklichkeit meistens liegen müssen, ziemlich eng, so daß man (unter dem Vorbehalt, die Ungenauigkeit später auszugleichen) für erste grobe Überlegungen von einem zwangläufigen Zusammenhang zwischen der Anfangstemperatur des Gases und den Temperaturen des Gases und Gutes am Ende sprechen kann.

Wenn aber ein solcher Zusammenhang besteht, dann ist bei einem nach Art, Menge und Zustand gegebenen Gut und bei gegebener Trommel die Gasmenge allein eine Funktion der Gaseintrittstemperatur — denn in der Wärmebedarfsrechnung nach Abschnitt IV A sind dann alle Größen gegeben — und die Geschwindigkeit sowie der Feuchtigkeitsverlauf des Gases sind durch diese Temperatur bestimmt. Nach dem Gesagten richtet sich dann auch die durchschnittliche Trocknungsgeschwindigkeit allein nach dieser Temperatur.

Wir wollen diesen Zusammenhang näher betrachten. Die Gl. (10) gilt für einen sehr kurz gedachten Trommelabschnitt. Faßt man die ganze Trommel ins Auge, so ist rechts in der Gleichung an Stelle des örtlichen Temperaturunterschieds $(\vartheta_L - \vartheta_{St_o})$ zwischen dem Gas und dem Gut der durchschnittliche Unterschied zu setzen. Dieser durchschnittliche Unterschied ist im Einzelfall ganz selten bekannt. Wir können aber annehmen, daß er von der gleichen Größenordnung ist wie derjenige in Erwärmungstrommeln ohne Wandungsverluste, wenn die Stoffe darin die gleichen Anfangs- und Endtemperaturen haben. Er sei, genauer gesagt, das $a_m$ fache von letzterem. Den Unterschied in Erwärmungstrommeln können wir nach einer bekannten für verlustlose Wärmeaustauscher gültigen Formel leicht ausrechnen.

Anstatt mit den Größen $\alpha$ und $\beta$, die für die Einheit der Austauschfläche des Gutes gelten, beschreibt man die Gesamtvorgänge in Trommeln besser mittels der Größen $\alpha^*$ und $\beta^*$, die sich auf die Raumeinheit der Trommel beziehen. Man erhält diese Größen, indem man $\alpha$ und $\beta$ mit den gesamten Flächen, an denen das Gut Wärme bzw. Feuchtigkeit mit seiner Umgebung tauscht, multipliziert und den sich ergebenden Wert durch das Trommelvolumen dividiert. (Genaue Definition s. Abschnitt V E.) Wenn man die Größen sowie den durchschnittlichen Temperaturunterschied zwischen dem Gas und dem Gut in die Gl. (10) einführt, so erhält man für die durchschnittliche spezifische Wasserverdampfung in der Trommel:

$$\overline{w}_g = \frac{a_m \cdot z_a}{[r + c_D (\vartheta_{L_a} - \vartheta_{St_e})]} \, \alpha^* \, \frac{(\vartheta_{L_e} - \vartheta_{St_e}) - (\vartheta_{L_a} - \vartheta_{St_a})}{\ln \dfrac{\vartheta_{L_e} - \vartheta_{St_e}}{\vartheta_{L_a} - \vartheta_{St_a}}} . \qquad (11)$$

Hierbei ist vorausgesetzt, daß das Gut an der Oberfläche ungefähr die gleiche Temperatur hat wie im Inneren.

Die Gl. (11) kann man verwenden, wenn man für ein bestimmtes Gut einen einzelnen Wert der durchschnittlichen spezifischen Wasserverdampfung kennt und gerne wissen möchte, wie groß $\overline{w}_g$ bei anderen Temperaturen ist.

Vorausgreifend sei gesagt, daß die Gl. (11) die auf Abb. 17 dargestellte Kurve für $w_g$, die auf ganz anderem Wege für die Trocknung des Durchschnittsgutes in einer kleinen Trommel mit hohen Wandungsverlusten erhalten wurde, recht gut wiedergibt, wenn man $a_m \cdot z_a = 0{,}92$ setzt, für $\vartheta_{L_a}$ und $\vartheta_{St_a}$ die Werte von Abb. 19 benutzt und für $\alpha^*$ die groben Werte aus Zahlentafel 6 entnimmt. Die Kurve zeigt, welch außerordentlichen Einfluß die Gaseintrittstemperatur auf die durchschnittliche spezifische Wasserverdampfung in Trommeln hat.

### 3. Ursachen für die Unterschiede der Trommelleistung bei gleicher Gaseintrittstemperatur.

In den letzten Abschnitten wurde untersucht, wie sich die Leistung einer gegebenen Trommel ändert, wenn man ein „bestimmtes" Gut bei verschiedenen Gaseintrittstemperaturen darin trocknet. Es soll nun ungefähr festgestellt werden, wie die Leistung der gleichen Trommel schwankt, wenn man ihr bei gleicher Gaseintrittstemperatur „verschiedene", sich an der Oberfläche nicht hygroskopisch verhaltende Güter aufgibt. Zu diesem Zweck wird ganz grob ermittelt, wie verschieden die Faktoren in Gl. (11) sein können, und zwar wird zuerst der durchschnittliche Temperaturunterschied zwischen dem Gas und dem Gut, also der letzte Bruch in der Gleichung, betrachtet.

Die Eintrittstemperatur des Gases, bei der die Güter getrocknet werden, sei z. B. 500°. Die Güter selbst sollen am Eintritt „durchschnittlich" 15° haben, es soll aber auch Güter mit erheblich anderer Temperatur geben. Im Mittel sei die Abweichung $\pm 5°$. Am Ende der Trommel habe das Gas „durchschnittlich" 120°, das Gut 60°, so daß dort der durchschnittliche Unterschied 60° herrscht. Dieser Unterschied streue im Mittel um $\pm 25°$, weil weder die Gas- noch die Gutsendtemperaturen in allen Fällen dieselben sind. Mit Hilfe des GAUSSschen Fehlerfortpflanzungsgesetzes läßt sich dann berechnen, daß der durchschnittliche Temperaturunterschied zwischen dem Gas und dem Gut in der ganzen zum Vergleich gewählten Erwärmungstrommel im Mittel um ca. 29° vom Durchschnittsbetrag 202° abweicht. Dem entspricht die mittlere „Relativabweichung" $m_\Delta =$ rund 14%. Wir dürfen annehmen, daß eine ähnliche Abweichung auch bei anderen Gaseintrittstemperaturen vorhanden ist.

Die nächste Größe in Gl. (11), deren Streuung wir schätzen wollen, ist $\alpha^*$. Später wird gezeigt, daß Wärme auf zahlreichen Wegen ins Gut gelangt. Die wesentlichsten sind:

Konvektiver Übergang an das von den Einbauten herabstürzende Gut, und zwar an das „Spritzkorn" und an den „Wolkenkern";

konvektiver Übergang an die Haufenoberflächen;
Berührung des Gutes mit den festen Trommelinnenteilen.

Zum überschlägigen Abschätzen der Einflüsse, die den konvektiven Übergang ans Spritzkorn bestimmen, kann man die für die Wärmeübergangszahl an kugelförmigen Schwebeteilchen [17] aufgestellte Gleichung verwenden

$$\alpha''_{C_{L,St}} = \text{const}\,\frac{\lambda_L \cdot v_L^n}{d_K^k \cdot v_L^n} \,.$$

Die Wärmeleitzahl $\lambda_L$ des Gases dürfte in den praktisch vorkommenden Fällen bei gleicher Gaseintrittstemperatur eine relative Streuung von höchstens $m_\lambda = 3\%$ aufweisen, die der kinematischen Zähigkeit $v_L$ von $m_v = 8\%$, während der wirksame Geschwindigkeitsunterschied $v_L$ zwischen dem fallenden Korn und dem Gas im Mittel um $m_v = $ ca. $50\%$ schwanken wird. Größere Unterschiede treten beim Korndurchmesser $d_K$ auf. Allerdings darf man nicht außer acht lassen, daß die Unterschiede in den „wirksamen" Korngrößen doch nicht so groß sind, wie es auf den ersten Blick scheint, denn die meisten an sich feinkörnigen Güter bilden, solange sie feucht sind, ziemlich grobe Brocken oder rutschen lawinenartig von den Einbauten ab. Die relative Streuung der wirksamen Korngröße kann vielleicht auf $m_d = 150\%$ veranschlagt werden. Wenn $n = 0,15$ und $k = 0,85$ ist, findet man dann aus obiger Gleichung mittels des Fehlerfortpflanzungsgesetzes die relative Streuung der Wärmeübergangszahl $\alpha''_{C_{L,St}}$

$$m_{Sp} = \sqrt{m_\lambda^2 + n^2\,m_v^2 + k^2\,m_d^2 + n^2\,m_v^2}$$
$$= \sqrt{3^2 + 0,15^2 \cdot 50^2 + 0,85^2 \cdot 150^2 + 0,15^2 \cdot 8^2} = 127,5\% \,.$$

Man erkennt, daß dieses Ergebnis fast allein auf die Streuung der Korngröße zurückzuführen ist.

Ganz ähnlich läßt sich die „relative Streuung" der Wärmeübergangszahl am Wolkenkern usw. abschätzen. Ganz grob ergibt sich:

Wärmeübergangszahl am Wolkenkern . . . . . . . . . . . ca. 40% rel. Streuung
Wärmeübergangszahl an den Oberflächen der Gutshaufen  . ca. 40% rel. Streuung
Wärmeübergangszahl an den Auflageflächen der Gutshaufen ca. 40% rel. Streuung

Nach den Darlegungen im Abschnitt V F nimmt das Gut in Erwärmungstrommeln mit Quadranteneinbau ungefähr $30\%$ der gesamten nötigen Wärmemenge am Spritzkorn auf, rund $5\%$ am Wolkenkern, ca. $35\%$ an den Haufenoberflächen und rund $40\%$ an den Auflageflächen. Dem entsprechen, wenn bei gleichem Temperaturunterschied insgesamt 100 kcal übergehen, absolute Streuungen von 38,2, 2, 14 und

16%, woraus nach dem Fehlerfortpflanzungsgesetz eine Gesamtstreuung der räumlichen Wärmeübergangszahl von

$$m_\alpha = \sqrt{38,2^2 + 2^2 + 14^2 + 16^2} = 43,7\%$$

folgt.

Um nun die Streuung der Trommelleistung abzuschätzen, muß außer den mittleren Abweichungen $m_A$ und $m_\alpha$ noch die Streuung des ersten Bruchs in Gl. (11) bestimmt werden.

Der Ausdruck in der eckigen Klammer des Bruchs enthält außer der Verdampfungswärme $r$ die Wärmemenge, die zum Erwärmen von 1 kg des gebildeten Dampfes auf die Gasendtemperatur nötig ist. Die Summe dieser Wärmemengen streut wenig, wenn man nur die Trocknung von Gütern vergleicht, die gleichartige Feuchtigkeit enthalten.

Ähnlich wenig streut der Ausdruck $a_m$, der angibt, wievielmal größer der durchschnittliche Temperaturunterschied zwischen dem Gas und dem Gut bei wirklichen Trocknungsvorgängen gegenüber den Vergleichsvorgängen ist. Auch der Wert von $z_a$ schwankt nicht stark, da in der Regel die meiste ins Gut übergehende Wärmemenge zum Verdampfen der Gutsfeuchtigkeit verbraucht wird und die durch die Trommelwandungen nach außen dringende Wärmemenge an sich nicht stark ins Gewicht fällt, überdies aber bei der Trocknung verschiedener Güter annähernd gleichbleibt. Insgesamt kann man die Streuung des ersten Bruchs in Gl. (11) kaum höher als auf $m_B = 10\%$ veranschlagen. Damit ergibt sich die Gesamtstreuung der durchschnittlichen spezifischen Wasserverdampfung in Trommeln mit Quadranteneinbau mit Hilfe des Fehlerfortpflanzungsgesetzes zu

$$m = \sqrt{m_A^2 + m_\alpha^2 + m_B^2} = \sqrt{14^2 + 43,7^2 + 10^2} = 47\% \,.$$

Diese ganz roh erhaltene Zahl hat wiederum, wie man sieht, ihren Ursprung fast allein in den starken Unterschieden der Korngröße. Sie gilt, ihrer Herleitung entsprechend, nur für Güter, deren Oberflächen während der Trocknung nicht in den hygroskopischen Bereich geraten und deren innere Eigenschaften zu keinem Zeitpunkt die Trocknungsgeschwindigkeit bestimmen. Die Zahl sagt, wenn die der Schätzung zugrunde gelegten Annahmen stimmen und gleiche Gaseintrittstemperatur sowie Trommelfüllung vorhanden sind, daß bei der Trocknung verschiedener Güter Leistungsunterschiede auftreten, die im Mittel zwischen rund 50 und 150% des Durchschnittes aller Werte hin- und herschwanken. Die Anfangs- und die gewünschte Endfeuchtigkeit spielen keine Rolle, solange die Voraussetzungen erfüllt sind.

Die gefundene Streuung ist erheblich, aber nicht so stark, daß es ganz unsinnig wäre, die Leistung von Trommeln für unbekannte Güter schätzen zu wollen. Vielmehr ergibt sich als Lösung unserer ersten Teilaufgabe die Feststellung, daß es mit Hilfe weniger Daten tatsächlich gelingen kann, Trommelleistungen, wenn auch im allgemeinen mit mäßiger Genauigkeit, zu schätzen.

Etwas unsicher ist die obige Beweisführung leider deshalb, weil für die sehr maßgebende Streuung der wirksamen Korngröße keine sicheren Anhaltspunkte vorhanden sind. Diese Unsicherheit bleibt so lange bestehen, bis im nächsten Abschnitt nachgewiesen ist, daß die Gesamtstreuung der Trommelleistung tatsächlich ungefähr den geschätzten Betrag hat. Nachdem dies geschehen sein wird, dürfen wir aber folgern, daß die Hauptursache für die starken Streuungen wirklich in den unterschiedlichen Korngrößen der Güter zu suchen ist, denn alle anderen Ursachen wurden als nicht von der Art befunden, daß sie zu 50% Gesamtstreuung führen können.

Sind die mehrfach erwähnten Voraussetzungen nicht erfüllt, wie häufig bei solchen Gütern, die von vornherein wenig Feuchtigkeit enthalten, dann allerdings sind Ursachen für noch viel stärkere Streuungen vorhanden als die gefundenen. Die Anfangs- und die Endfeuchtigkeit der Güter spielen dann eine erhebliche Rolle.

## 4. Statistische Auswertung von Versuchen.

Als statistisches Material dienen im folgenden Versuchsergebnisse, die verschiedene Beobachter an einer kleinen Trommel in der Versuchsstation der Firma Benno Schilde Maschinenbau-A.G. in Hersfeld erhielten. Die Versuche wurden nicht im Rahmen dieser Arbeit gemacht, sie sollten nur das Verhalten der untersuchten Güter in einer Gleichstromtrommel zeigen und brauchten keine wissenschaftlich genauen und meßtechnisch vollständigen Ergebnisse zu liefern. Hier werden sie zur Lösung der zweiten Teilaufgabe benutzt, nämlich Hilfsmittel zu finden, mittels derer Trommelleistungen zuverlässiger geschätzt werden können als bisher.

Die Versuchstrommel ist auf Abb. 13 dargestellt. Sie hatte 0,5 m lichten Durchmesser, 2,5 m Mantellänge und wurde im Gleichstrom betrieben. Im Innern befanden sich vorne mehrere schraubenartig gewundene Bleche, auf die kurze gerade Hubschaufeln und dann Verteilerbleche folgten, die das Gut einem 1,7 m langen Quadranteneinbau zuförderten. Die 8 Haupt- sowie die Nebenbleche des Quadranteneinbaus waren 2 mm dick. Alle Innenteile der Trommel bestanden aus Nickel. Auf dem Mantel befand sich keinerlei Wärmedämmschicht. Je nach Bedarf konnte die Trommel mit verschiedenen Drehzahlen betrieben und die Neigung der Achse verstellt werden. Zur Heizung diente bei höheren Temperaturen ein Leuchtgasbrenner, bei niedrigen ein Dampflufterhitzer. Das Rauchgas oder die Warmluft wurden, bevor sie in die Trommel eintraten, wenn nötig, mit Kaltluft vermischt und so auf die

.gewünschte Temperatur gebracht. Sie durchstrichen dann das Trommelinnere, wo sie das Gut berührten und sich abkühlten. Hinter der Trommel saugte ein Ventilator die Gase ab und drückte sie über einen Staub-abscheider ins Freie.

Das statistische Material umfaßt alle Versuche, die innerhalb eines gewissen, beliebig gewählten Zeitraumes stattfanden. Ausgeschieden wurden nur solche Versuche, bei denen der Trocknungsvorgang stark von irgendwelchen chemischen Reaktionen oder der Abspaltung von

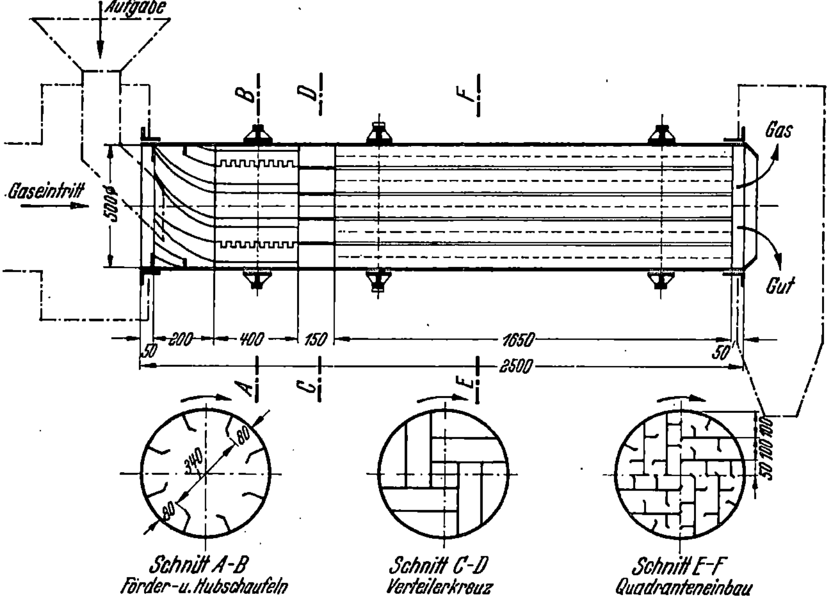


Abb. 13. Versuchstrommel.

Kristallwasser überlagert oder bei denen das Anfahrstadium noch nicht überwunden war, als der Versuch abgebrochen wurde. Wenn sich die Versuchsdaten während der Versuchsdauer nicht allzusehr geändert hatten, wurden dafür Durchschnittswerte eingesetzt, andernfalls wurden einzelne Abschnitte als selbständige Versuche gewertet.

Die insgesamt 141 benutzten Versuche waren mit 112 Stoffen verschiedenen Charakters unter den verschiedensten Bedingungen gemacht worden. Von 75 der untersuchten Stoffe hatten die Erzeuger die Namen genannt, für die restlichen 37 nur sehr ungenaue Bezeichnungen (wie Farbschlamm, Kunststoff, Erz) mitgeteilt. Die Gutsfeuchtigkeit war stets Wasser.

Zuerst wurden Gruppen solcher Güter gebildet, deren Anfangs-feuchtigkeitsgehalt mäßig verschieden war. Auf Zahlentafel 1 ist eine solche Gruppe zusammengestellt. Sodann wurden die durchschnittlichen spezifischen Wasserverdampfungen $\overline{w}$ der einzelnen Güter, die sich aus den Versuchen ergaben, und die zugehörigen Gaseintrittstemperaturen in Koordinatennetze eingetragen. Dabei ergaben sich Streubilder, die bereits deutlich ungefähre Durchschnittskurven zu ziehen gestatteten (Abb. 14).

Beim zweiten Schritt wurden die Ordinaten von Punkten dieser Kurven, die zu gleichen Gaseintrittstemperaturen gehörten, in anderen Koordinatennetzen über den durchschnittlichen Anfangsfeuchtigkeitsgehalten der Gutsgruppen aufgetragen (Abb. 15).

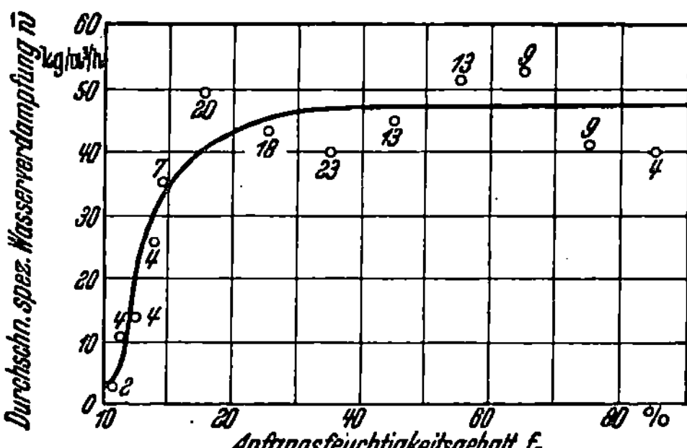


Abb. 14. Durchschnittliche spezifische Wasserverdampfung bei 30 bis 40% Anfangsfeuchtigkeitsgehalt der Güter, abhängig von der Gaseintrittstemperatur.

Auch dabei entstanden Streufelder von Punkten, durch die durchschnittliche Kurven gelegt werden konnten. Die einzelnen Punkte mußten hierbei je nach der Zahl der zugehörigen Versuche verschieden bewertet werden (s. die in Abb. 15 den Punkten beigeschriebenen Zahlen).

Diese letzten Kurven hatten alle einen merkwürdigen Verlauf. Sie liefen vom höchsten Punkt aus (Trocknungsgeschwindigkeit $\overline{w}_g$) zunächst schwach geneigt, bogen um, gingen steil nach unten und endeten nach einem zweiten Bogen auf der Ordinatenachse (Trocknungsgeschwindigkeit $\overline{w}_0$). Dieser Verlauf war ganz unverkennbar dem ähnlich, den die Trocknungsgeschwindigkeit sehr feuchter Güter gewöhnlich nimmt. Allerdings ließ sich nur ungenau feststellen, wo und wie die Kurven enden, denn die Zahl der Güter mit niedrigem Anfangsfeuchtigkeitsgehalt war leider zu gering.

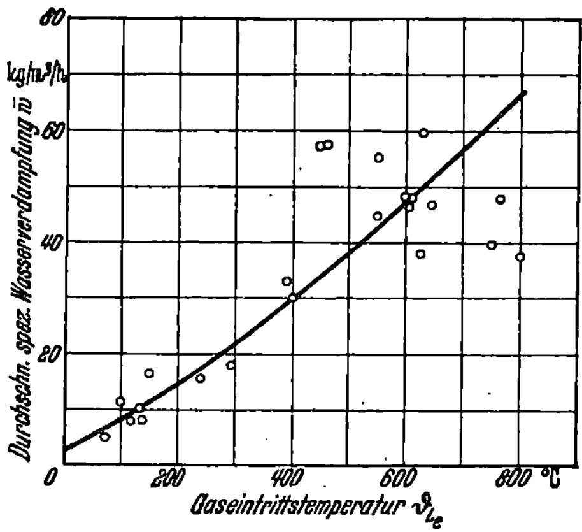


Abb. 15. Durchschnittliche spezifische Wasserverdampfung bei 500° C Eintrittstemperatur der Gase, abhängig vom Anfangsfeuchtigkeitsgehalt der Güter.

Die durchschnittliche spezifische Wasserverdampfung $\overline{w}$ ist ja auch eine Trocknungsgeschwindigkeit, nur eben eine solche, die auf eine

Raum- statt auf eine Flächeneinheit bezogen ist und die anstatt der augenblicklichen die durchschnittliche Geschwindigkeit für einen ganzen Trocknungsverlauf darstellt. Somit zeigen die Kurven der Abb. 12 und 15 tatsächlich den Verlauf verwandter Größen.

Zahlentafel 1. *Versuchsdaten der Güter mit 30—40 % Anfangsfeuchtigkeitsgehalt.*

| Gutsbezeichnung | Feuchtigkeits- gehalt in % | | Gastemperatur °C | | Durchschnitt- liche spez. Wasser- verdampfung kg/m³h |
|---|---|---|---|---|---|
| | Eintritt | Austritt | Eintritt | Austritt | |
| Carbazol . . . . . . . . . . . | 31,7 | 6,5 | 102 | 51 | 11,4 |
| Farbschlamm . . . . . . . . . | 33,4 | 0,21 | 595 | 140 | 47,8 |
| Graphitkonzentrat . . . . . . . | 36,9 | 0,6 | 450 | 90 | 57,0 |
| Kalk (Abfall) . . . . . . . . . | 39,1 | 0,42 | 650 | 190 | 46,6 |
| Kalkschlamm . . . . . . . . . | 38,5 | 0,63 | 625 | 115 | 38,0 |
| Kalziumkarbonatschlamm. . . . | 39,5 | 0,04 | 462 | 195 | 56,8 |
| Kryolith . . . . . . . . . . . | 37,4 | 0,42 | 550 | 135 | 44,6 |
| Kryolith . . . . . . . . . . . | 37,4 | 0,16 | 630 | 120 | 59,6 |
| Kryolith . . . . . . . . . . . | 39,8 | 0,15 | 765' | 165 | 47,6 |
| Kryolith . . . . . . . . . . . | 39,8 | 0,13 | 600 | 140 | 47,6 |
| Paniermehl . . . . . . . . . . | 32,6 | 6,9 | 150 | 61 | 16,5 |
| Paste . . . . . . . . . . . . | 31,5 | 0,04 | 800 | 290 | 37,8 |
| Sägemehl . . . . . . . . . . . | 38,4 | 1,6 | 390 | 90 | 33,6 |
| Sägemehl, getränkt . . . . . . . | 31,1 | 4,7 | 240 | 45 | 16,6 |
| Schlämmkreide . . . . . . . . | 32,0 | 0,24 | 550 | 110 | 55,0 |
| Steinkohlenschlamm . . . . . . | 34,8 | 2,8 | 600 | 125 | 47,6 |
| Talkum . . . . . . . . . . . . | 37,8 | 9,9 | 400 | 95 | 29,8 |
| Zellstoffschnitzel . . . . . . . . | 35,1 | 2,5 | 143 | 76 | 8,0 |
| Zellstoffschnitzel . . . . . . . . | 35,1 | 6,9 | 293 | 72 | 18,2 |
| Zellulose . . . . . . . . . . . | 31,7 | 11,8 | 78 | 35 | 5,0 |
| Zellulose . . . . . . . . . . . | 31,6 | 8,0 | 136 | 49 | 10,2 |
| Zellulose, dunkelbraun . . . . . | 34,5 | 1,7 | 121 | 62 | 8,0 |
| Zinkschlamm . . . . . . . . . | 32,7 | 0,1 | 750 | 175 | 39,4 |

Aber die Kurve nach Abb. 15 hat keinen Knickpunkt. Und in der Tat, sie kann keinen haben, denn jeder ihrer Punkte gibt ja nicht nur den zeitlichen Durchschnittswert der Trocknungsgeschwindigkeit für ein einzelnes Gut, sondern auch den Durchschnitt für eine Anzahl von Gütern wieder. Wäre der Verlauf der Augenblickswerte für alle in Frage kommenden Güter bekannt, so könnte man die wichtigen Kurven be- rechnen, von denen Abb. 15 das Beispiel darstellt, das für 500° Gas- eintrittstemperatur gilt. Weil aber bei keinem Versuch dieser Verlauf festgestellt wurde, war eine genaue Berechnung unmöglich. Es wurde jedoch versucht, wenigstens eine empirische Gleichung zu finden.

In den Kurven kommt der Einfluß des Endfeuchtigkeitsgehalts der Güter auf $\overline{w}$ nicht zum Ausdruck. Es lag nahe, diesen Einfluß dadurch aus dem statistischen Material herauszuschälen, daß die Kurven der

Abb. 15 auf einzelne Endfeuchtigkeitsgehalte spezialisiert wurden. Aber dieses Vorgehen führte zu keinem befriedigenden Ergebnis, weil die Zahl der Punkte, die für die Spezialkurven zur Verfügung stand, zu gering war.

Ein Ausweg bot sich, indem eine statistische Aufstellung über die Anfangs- und Endfeuchtigkeitsgehalte sämtlicher Güter gemacht wurde, die zeigte, daß Güter, die anfänglich sehr feucht waren, bei den Versuchen im Durchschnitt nicht so weit abtrockneten wie anfänglich weniger feuchte Güter. Güter mit geringen Anfangsfeuchtigkeitsgehalten konnten selbstverständlich auch nur auf niedrige Endfeuchtigkeitsgehalte kommen. Ganz grob ist auf Abb. 16 angedeutet, wie ungefähr — mit großen Abweichungen im einzelnen — die Feuchtigkeitsgehalte einander zugeordnet waren.

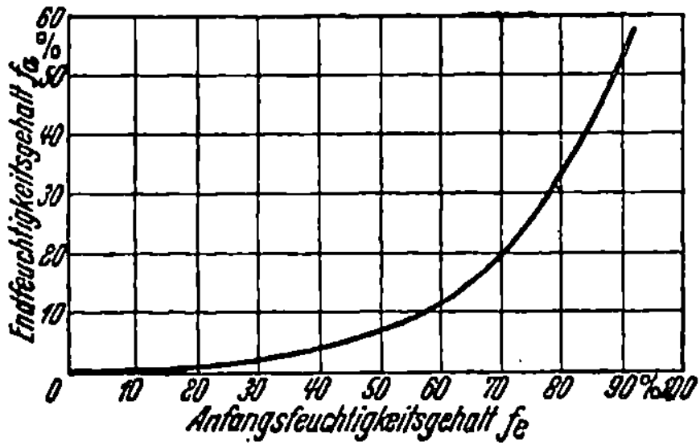


Abb. 16. Statistischer Zusammenhang zwischen Anfangs- und Endfeuchtigkeitsgehalt der untersuchten Güter.

Man kann nun, rein gedanklich, annehmen, der auf Abb. 16 angedeutete Zusammenhang sei nicht statistischer Art, sondern sei ganz streng bei einem „Durchschnittsgut" vorhanden, das, wenn man es mit dem Feuchtigkeitsgehalt $f_e$ in die Trommel bringt, darin stets genau auf den Feuchtigkeitsgehalt $f_a$ austrocknet, den die Abbildung angibt. Von diesem Durchschnittsgut kann man auch voraussetzen, daß seine „augenblickliche" Trocknungsgeschwindigkeit trotz der wechselnden Bedingungen, die in Trommeln herrschen, bis zum Knickpunkt den gleichbleibenden Betrag $w_g$ habe, daß seine Trocknungsgeschwindigkeit dann wie in Abb. 12 parabolisch abnehme und beim Betrag $w_0$ ende. Freilich ist dies eine ganz grobe Annahme, aber weil sie beim Auswerten der Versuche zu einem guten Ergebnis führte, durfte sie zur Aufstellung einer rein empirischen Gleichung benutzt werden. So ganz abwegig war die Annahme nicht, denn man kann sich ja z. B. die bis zum Knickpunkt in Wirklichkeit wechselnde Trocknungsgeschwindigkeit jederzeit durch eine gleichbleibend hohe Durchschnittsgeschwindigkeit ersetzt denken. Der Feuchtigkeitsgehalt $f_k$ beim Knickpunkt wurde vorläufig geschätzt.

Wenn man unter diesen Annahmen dann aus den augenblicklichen spezifischen Wasserverdampfungen den Durchschnittswert für den Trocknungsverlauf zwischen den zusammengehörigen Anfangs- und Endfeuchtigkeitsgehalten $f_e$ und $f_a$ nach der Kurve in Abb. 16 berechnete, ergab sich zunächst ein Wert, der mit dem entsprechenden Wert der

Abb. 15 nicht übereinstimmte. Nach wiederholten Berechnungen mit anderen $f_k$ konnte aber meistens schnell der richtige Durchschnittswert getroffen und danach der ganze Verlauf der Kurve in Abb. 15 berechnet werden.

Das Ergebnis dieser Berechnungen war, daß alle die Kurven, von denen Abb. 15 ein Beispiel zeigt, am besten wiedergegeben wurden, wenn man $f_k$ als bei

$$f_k = 4,5\%$$

liegend ansah. (Die Abweichungen betrugen höchstens $\pm\,0,5\%$.) Die spezifischen Anfangswasserverdampfungen $w_g$ und die Endwasserverdampfungen $w_0$ ergaben sich aus den statistischen Kurven gemäß Abb. 15 und sind auf Abb. 17 dargestellt (verschiedene Maßstäbe!).

Die obere Grenze der spezifischen Wasserverdampfung des Durchschnittsgutes — oder, anders ausgedrückt, des Durchschnitts aller Güter — tritt nur bei einem sehr hohen durchschnittlichen Feuchtigkeitsgehalt der Stoffe auf. Solange

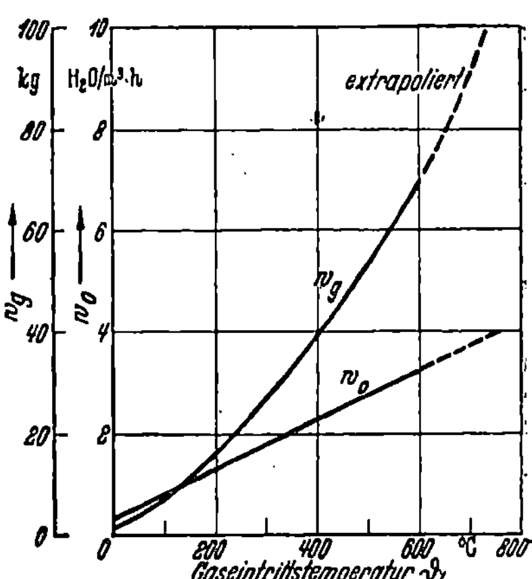


Abb. 17. Obere Grenze $w_g$ und untere Grenze $w_0$, der durchschnittlichen spezifischen Wasserverdampfung des „Durchschnittsgutes", abhängig von der Gaseintrittstemperatur.

die Güter sehr feucht sind, sind ihre Oberflächen in der Regel nicht hygroskopisch und die Vorgänge im Korninnern ohne Einfluß auf die Trocknungsgeschwindigkeit. Dann sind die Voraussetzungen gegeben, die bei Ableitung der Gl. (11) gemacht wurden, und daher muß diese Gleichung auch zum ungefähren Beschreiben der $w_g$-Kurve auf Abb. 17 geeignet sein. Dies trifft tatsächlich zu, wie schon im Abschnitt IV B2 erwähnt wurde.

RAMMLER und BLASCHKE [18] zeichneten für Braunkohle, die wesentlich besser trocknet als das Normalgut, eine Kurve für die durchschnittliche spezifische Wasserverdampfung auf, die ähnlich, jedoch etwas flacher, verläuft als die $w_g$-Kurve auf Abb. 17. Der flachere Verlauf rührt wahrscheinlich daher, daß die Voraussetzungen, die der $w_g$-Kurve zugrunde liegen, bei den Firmenangaben, die die genannten Verfasser benutzten, nicht erfüllt waren.

Das vorhin erwähnte Ergebnis läßt sich in einfachen Gleichungen darstellen, die praktisch von großem Nutzen sind.

Nach den Annahmen entspricht die Kurve auf Abb. 12 von $A$ bis $B$ der Gleichung

$$w = w_g$$

und von $B$ bis $C$ der Parabelgleichung

$$w = w_0 + \frac{w_g - w_0}{f_k^2} f^2,$$

worin $f$ der zu einem beliebigen Punkt der Kurve zwischen $B$ und $C$ gehörende Feuchtigkeitsgehalt und $f_k = 4,5\%$ ist. Daraus folgen für die durchschnittliche spezifische Wasserverdampfung $\overline{w}'$ durch einfaches Integrieren die Beziehungen:

wenn $f_e < 4,5\%$ und $f_a < 4,5\%$ ist:

$$\overline{w}' = \frac{w_0(f_e - f_a) + \dfrac{w_g - w_0}{60,75}(f_e^3 - f_a^3)}{f_e - f_a}, \tag{12a}$$

wenn $f_e > 4,5\%$ und $f_a < 4,5\%$ ist:

$$\overline{w}' = \frac{w_g(f_e - 4,5) + w_0(4,5 - f_a) + \dfrac{w_g - w_0}{60,75}(91,13 - f_a^3)}{f_e - f_a}, \tag{12b}$$

wenn $f_e > 4,5\%$ und $f_a > 4,5\%$ ist:

$$\overline{w}' = w_g. \tag{12c}$$

Die Gl. (7) und (8) liefern für die Trocknungszeit $t_{St}$ die Beziehung.

$$t_{St} = \frac{W_F \cdot \gamma_{nSt} \cdot \tau}{G \cdot \overline{w}'},$$

worin $W_F$ und $G$ Funktionen des Naßgutgewichts $G_n$ und der Feuchtigkeitsgehalte $f_e$ und $f_a$ sind:

$$W_F = \frac{f_e - f_a}{100 - f_a} G_n, \qquad G = \frac{200 - f_e - f_a}{2(100 - f_a)} G_n,$$

somit folgt für die Trocknungszeit $t_{St}$:

$$t_{St} = \frac{\overline{\gamma}_{nSt} \cdot \tau}{\overline{w}'} \frac{2(f_e - f_a)}{200 - f_e - f_a}. \tag{13}$$

Bei den Versuchen war das Schüttgewicht $\overline{\gamma}_{nSt}$ der Güter im Durchschnitt 835,3 kg/m³. Der Füllungsgrad $\tau$ der Trommel dürfte im Durchschnitt bei 0,22 gelegen haben. Diese Werte sind oben einzusetzen, um die „wahrscheinlichste" Trocknungszeit zu bekommen.

Mit den Gl. (12a) bis (12c) ist es möglich, die durchschnittlichen spezifischen Wasserverdampfungen $\overline{w}$ wirklicher Güter, also z. B. die Werte in der letzten Spalte der Zahlentafel 1, mit der durchschnittlichen spezifischen Wasserverdampfung $\overline{w}'$ des Durchschnittsgütes zu vergleichen. Auf Abb. 18 ist das Ergebnis dieses Vergleichs für alle in der Versuchstrommel getrockneten Güter dargestellt. Darauf ist, den Darlegungen von DAEVES folgend, entlang der Abszissenachse das Verhältnis $\overline{w}/\overline{w}'$ in logarithmischem Maßstab aufgetragen [26]. Die Ordinaten geben an, wie viele Versuche im Verhältnis zur Gesamtzahl jeweils auf einen Bereich der Abszissenachse entfallen, an dessen Ende $\overline{w}/\overline{w}'$ 1,58 mal größer ist als am Anfang. Die Abbildung zeigt z. B., daß Güter, bei denen eine doppelt so hohe durchschnittliche spezifische Wasserverdampfung erreicht wurde wie beim Durchschnittsgut, nur 0,29 mal so oft vorkamen wie jenes.

Berechnet man nach der Methode der kleinsten Quadrate die mittlere Abweichung der Werte $\overline{w}/\overline{w}'$ vom Durchschnittswert, so findet man, wenn man alle 141 Versuche wertet, den Betrag 0,68. Bei den 47 Gütern, deren Endfeuchtigkeitsgehalt über 4,5% lag, war die Streuung nur 0,52, während sie bei den 24 Gütern mit weniger als 10% Anfangsfeuchtigkeitsgehalt den Betrag 1,09 hatte. Die Gl. (12a) bis (13) liefern also Werte, die um so genauer mit den wirklichen Werten übereinstimmen, je feuchter die Güter anfänglich sind und je höher ihr Endfeuchtigkeitsgehalt sein darf.

Das beobachtete Verhalten der Streuung stimmt gut mit dem überein, das im Abschnitt IV B 3 vorausgesagt wurde. Wenn die Güter in den Zustand kommen, wo ihre Oberflächen hygroskopisch und ihre inneren Eigenschaften für die Trocknungsgeschwindigkeit entscheidend werden — und dies war

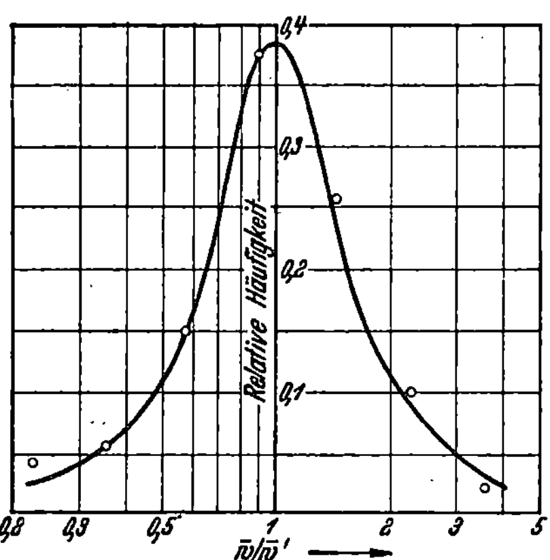



Abb. 18. Relative Häufigkeit der Güter in Bereichen, an deren Ende $\overline{w}/\overline{w}'$ jeweils 1,58 mal größer ist als am Anfang, bezogen auf die Gesamtzahl der untersuchten Güter.

vermutlich bei den 24 Gütern der Fall, die von vornherein wenig Feuchtigkeit enthielten —, dann wird die Streuung der durchschnittlichen spezifischen Wasserverdampfung groß. Sie bleibt dagegen verhältnismäßig klein bei solchen Gütern, die nicht in diesen Zustand geraten. Wahrscheinlich gehörte dazu der größte Teil der 47 Güter, deren Endfeuchtigkeitsgehalt bei den Versuchen nicht unter 4,5% sank. Für solche Güter wurde früher die Streuung der durchschnittlichen spezifischen Wasserverdampfung auf 50% geschätzt, falls die Korngröße im üblichen Bereich schwankt. Die wirkliche Streuung wurde zu 52% ermittelt. Bei dieser großen Streuung ist zu bedenken, daß das Versuchsmaterial, das zur Verfügung stand, wie oben erwähnt wurde, nicht aus genauen wissenschaftlichen Versuchen stammte, sondern mit den Ungenauigkeiten behaftet war, die bei groben Betriebsversuchen üblich sind.

Zahlentafel 2. *Der Wert von $\overline{w}/\overline{w}'$ für einige Güter.*

| Gut | $\overline{w}/\overline{w}'$ | Gut | $\overline{w}/\overline{w}'$ |
|---|---|---|---|
| Braunkohle . . . . . . . . | 1,6—1,7 | Sägemehl . . . . . . . . . . | 1,2 |
| Eisenoxydschlamm . . . . | 0,8 | Siedesalz . . . . . . . . . . | 1,6 |
| Hochofenschlacke, granu- | | Sand . . . . . . . . . . . | 1,3—3,4 |
| liert . . . . . . . . . | 1,8 | | |
| Kieselgur . . . . . . . . . | 0,8—1,1 | Talkum . . . . . . . . . . . | 0,9 |
| Kreide, brockig . . . . . | 0,6—1,5 | Ton . . . . . . . . . . | 0,5—1,1 |
| Kreide, schlammig . . . . | 1,2 | Zellulose . . . . . . . . . | 1,1—3,0 |

Auf Zahlentafel 2 ist das Verhältnis $\overline{w}/\overline{w}'$ für einige Güter genannt. Man sieht, daß $\overline{w}/\overline{w}'$ bei sonst gleichen Stoffen recht verschieden sein kann, und zwar, wie wir nun wissen, hauptsächlich wegen der unterschiedlichen Korngrößen, die die Güter oft haben. (Die Werte der Zahlentafel stützen sich bei den einzelnen Gütern jeweils nur auf wenige Versuche. In Wirklichkeit streut $\overline{w}/\overline{w}'$ auch z. B. für Braunkohle erheblich stärker, als die Zahlentafel ausweist, wie aus Angaben von RAMMLER und BLASCHKE [18] hervorgeht.) Die Korngröße ist bei der Planung von Anlagen oft nicht bekannt, sie läßt sich manchmal auch gar nicht bestimmen, wie z. B. bei Pasten — selbst wenn man eine Probe des Gutes hat —, und sie ändert sich während der Trocknung auch vielfach in einer Weise, die sich nicht verfolgen oder gar voraussehen läßt. Dies alles zeigt, welche Unsicherheit besteht, wenn Trommeln für Güter projektiert

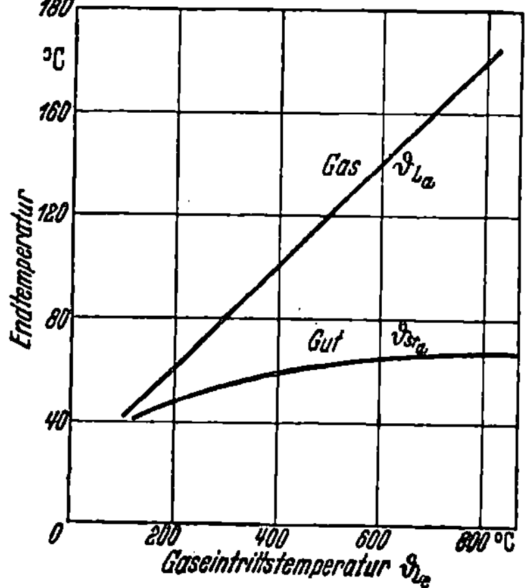


Abb. 19. Statistischer Zusammenhang zwischen der Gasein- und -austrittstemperatur in der Versuchstrommel bei den Gütern mit mehr als 30% Anfangsfeuchtigkeitsgehalt und zugehörige berechnete Endtemperatur der Güter in normalen Gleichstromtrommeln mit Quadranteneinbau, wenn der Knickpunkt der Trocknungsgeschwindigkeit nicht unterschritten wird.

werden sollen, deren Verhalten man nicht genau kennt.

Wie für die spezifische Wasserverdampfung, so konnten auch für die Temperatur, mit der die Trocknungsgase die Versuchstrommel verließen, statistische Gesetzmäßigkeiten gefunden werden (Abb. 19). Später wird gezeigt, daß es recht schwierig oder unmöglich ist, diese Temperatur genau zu berechnen. Wenn man zur Berechnung des Wärmebedarfs von Trommeln die Gasendtemperatur sucht, wird man daher gerne die rohen Anhaltswerte von Abb. 19 benutzen. Die wirklichen Werte liegen allerdings, wie wir später noch sehen werden, bei großen Trommeln gewöhnlich niedriger als in der kleinen Versuchstrommel.

Die durchschnittlichen spezifischen Wasserverdampfungen nach den Gl. (12a) bis (12c) gelten zunächst nur für die bei den Versuchen benutzte kleine Trommel. Lassen sich die Werte auf größere Trommeln und auf solche mit anderen Einbauten übertragen? Nach der praktischen Erfahrung darf man die Frage im allgemeinen bejahen, wenn

a) die Art der Einbauten gleich und die Abstände zwischen den Einbauten nicht allzusehr verschieden sind,

b) die Längen der Trommeln und die der Einbauten gleich sind (vgl. Abschnitt VI C).

Aus den späteren Darlegungen über den Wärme- und Stoffübergang in Trommeln geht hervor, daß „genau" gleiche Ergebnisse in Trommeln verschiedenen Durchmessers allerdings nicht zu erwarten sind.

Da nach den Untersuchungen PIEPENSTOCKS [14] Trommeln mit Kreuzeinbau solchen mit Quadranteneinbau trocknungstechnisch wenig nachstehen, sind die Gl. (12a) bis (12c) wohl auch für die ersteren annähernd gültig. Quadranten- und Kreuzeinbau sind diejenigen Einbauten, die mindestens in Deutschland am meisten verwendet werden. Infolgedessen können die hier erhaltenen Ergebnisse eine gewisse Allgemeingültigkeit beanspruchen.

Die Ergebnisse der letzten Abschnitte stellen die Lösung der zweiten zu Eingang erwähnten Aufgabe dar, nämlich Hilfsmittel zu finden, mittels deren die Leistung von Trommeln zuverlässiger geschätzt werden kann als bisher. In den nächsten Abschnitten wird die dritte der eingangs genannten Aufgaben gelöst, die darin besteht, Einblick in die Vorgänge in Trocknungstrommeln zu gewinnen. Auf dem Weg zu diesem Ziel wird zunächst abgeschätzt, wie groß die Flächen sind, an denen Wärme- und Stoffaustausch stattfindet, dann werden die Wärmeübergangszahlen an den Flächen grob ermittelt, danach die Temperaturen der Flächen bestimmt und schließlich die übergehenden Wärmemengen selbst berechnet. Das Ergebnis der Rechnung dient dazu, das Verhalten der Trommeln unter wechselnden Bedingungen zu erklären.

# V. Der Wärmeaustausch in der Trommel und am Mantel.

## A. Die Austauschoberflächen.

Auf den ersten Blick erscheint es unmöglich, die andauernd wechselnde Größe der Flächen zu berechnen, an denen das Gut Wärme und Feuchtigkeit mit Nachbarstoffen tauscht. Indessen werden wir sehen, daß sich doch rohe Durchschnittswerte finden lassen. Im folgenden wird in dem langjährigen Streit, welches das günstigste Einbausystem sei, nicht Partei ergriffen, sondern nur versucht, die Dinge am Beispiel einer Trommel mit Quadranteneinbau klarzumachen.

Die Abb. 3 d zeigt den Querschnitt durch eine Trommel mit Quadranteneinbau. Die Pfeile geben ungefähr den Weg an, den das Gut in den schraffierten Zellen macht. Es gibt danach Zellen, in denen das Gut bei einer Umdrehung der Trommel viermal, und andere, in denen es nur ein-, zwei- oder dreimal vom einen zum anderen Einbaublech abrieselt. Dieser Unterschied ist nachteilig, jedoch tauschen, wie PIEPENSTOCKS [14] Versuche zeigten, die Zellen fortwährend einen Teil ihres Inhalts untereinander aus, so daß die Folgen, die aus dem Unterschied entstehen, sehr gemildert werden.

Wir verfolgen nun die Formänderungen, die ein bestimmter Gutshaufen in der Zelle eines Quadranteneinbaus erfährt, während sich die Trommel dreht. Im ersten Zeitabschnitt — dem des ungeteilten Gutshaufens — hat der Querschnitt des Haufens anfänglich die Form des Vierecks $BGHI$ (Abb. 20). Bald nimmt er aber die Dreiecksform $BKC$ an und dann, wenn das erste Korn bei $A$ abrieselt

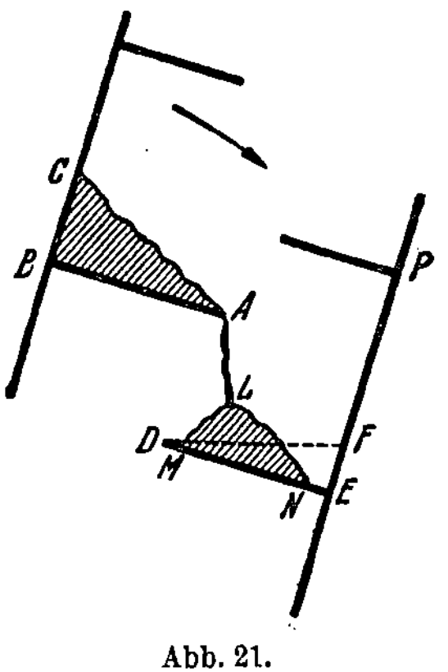

Abb. 20.
Ungeteilter
Gutshaufen.

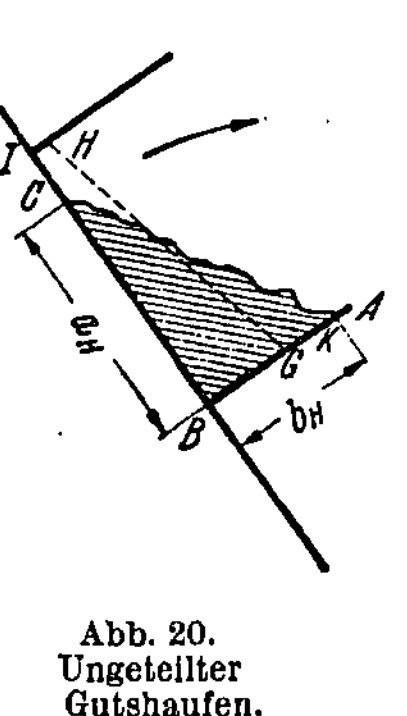

Abb. 21.
Geteilter Gutshaufen.

(Abb. 21), die Form $ACB$. In dem nun beginnenden zweiten Abschnitt — dem des geteilten Gutshaufens — besteht der Haufen aus dem oberen, immer kleiner werdenden Teil $ACB$, dem Rieselschleier $AL$ und dem unteren wachsenden Teil $LMN$. Der untere Teil besitzt anfänglich die Form $LMN$, wobei er das Einbaublech $EFP$ nicht berührt, erhält kurz Vierecksform und schließlich die Form des rechtwinkligen Dreiecks $DEF$.

Weil die Haufenform so ständig ihren Charakter wechselt, ist es schwierig, den Änderungen rechnerisch genau zu folgen. Die Beobachtung lehrt aber, daß in normal gefüllten Quadranteneinbauten üblicher Abmessungen die Form des rechtwinkeligen Dreiecks, das an den Katheten die Einbauten berührt, im zeitlichen Durchschnitt bei weitem vorherrscht. Wir machen uns diesen Umstand zunutze, indem wir annehmen, die Form des rechtwinkeligen Dreiecks sei stets vorhanden. Den entstehenden Fehler merzen wir später grob mittels Berichtigungsfaktoren aus.

Auf Abb. 20 bedeuten die Dreieckseiten $BK$ und $BC$ die „Berührungsfläche", die Seite $KC$ die „freie Oberfläche" des Gutshaufens. Weil das Gut unregelmäßig liegt, sei diese dritte Fläche das $v$-fache der ebenen Fläche zwischen $A$ und $C$ ($v = $ Oberflächenfaktor).

In der Trommel seien $j$ Haufen der auf Abb. 20 gezeichneten Art. Die Trommel selbst habe den lichten Durchmesser $d$ und sei so mit

Gut angefüllt, daß der Rauminhalt des Gutes zum Rauminhalt der leeren Trommel im Verhältnis $\tau : 1$ stehe ($\tau = $ Füllungsgrad). Ferner sollen die Seitenflächen der Gutshaufen im Verhältnis $a_H/b_H = \eta_H$ stehen. Dann kann man das Volumen eines 1 m langen ungeteilten Haufens, dessen Querschnittsfläche $F_{St}$ sei, ausdrücken durch:

$$V_H = \frac{\pi d^2 \tau}{4j} = F_{St} \cdot 1 = \frac{a_H \cdot b_H}{2} = \frac{\eta_H \cdot b_H^2}{2}. \tag{14}$$

Die „Berührungsfläche" des 1 m langen Haufens ist

$$b_H (1 + \eta_H) \cdot \zeta_B'$$

und die „freie Oberfläche"

$$v \cdot \zeta_F' \cdot b_H \cdot \sqrt{1 + \eta_H^2},$$

worin $\zeta_B' > 1$ und $\zeta_F' < 1$ Faktoren sind, welche die nicht ganz richtige Annahme korrigieren, daß die Gutshaufen stets dreieckigen Querschnitt haben. So ergibt sich nach kurzer Zwischenrechnung bei der $l$ m langen Trommel:

Berührungsfläche der ungeteilten Gutshaufen

$$F_B' = \sqrt{2} \cdot j \cdot l \cdot \zeta_B' \cdot \sqrt{F_{St}} \frac{1 + \eta_H^2}{\sqrt{\eta_H}} \quad [\text{m}^2]. \tag{15}$$

Freie Oberfläche der ungeteilten Gutshaufen

$$F_O' = v \cdot \sqrt{2} \cdot j \cdot l \cdot \zeta_F' \cdot \sqrt{F_{St}} \cdot \sqrt{\frac{1 + \eta_H^2}{\eta_H}} \quad [\text{m}^2]. \tag{16}$$

Wenn sich die Trommel dreht, ändert $\eta_H$ in den üblichen Fällen seinen Wert ungefähr zwischen 0,6 und 1,8. Im Durchschnitt hat der Bruch in Gl. (15) dann den Wert 2, der letzte Wurzelausdruck in Gl. (16) den Wert 1,48.

Wenn das Gut bei $A$ (Abb. 22) über das Einbaublech $BA$ abzurieseln beginnt, also wenn die freie Fläche des Gutshaufens $ABC$ zur Horizontalebene gerade im „Schüttwinkel" $\gamma_s$ steht, sei die Neigung der freien Fläche $CA$ zum Einbaublech $BA$ durch Winkel $\gamma_g$ gegeben. Dieses $\gamma_g$ läßt sich aus dem bekannten Flächeninhalt des Dreiecks $ABC$ und der Breite $h'$ des Einbaublechs bestimmen

$$tg \, \gamma_g = \frac{2 F_{St}}{h'^2}. \tag{17}$$

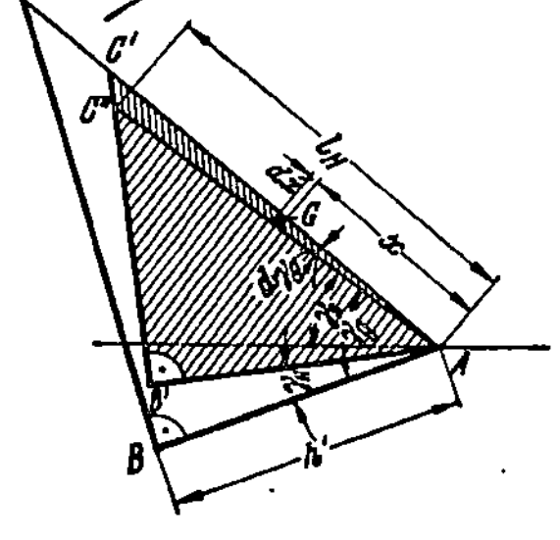

Abb. 22. Geometrische Veränderung des abrieselnden Gutshaufens.

Dreht man den Einbau von dieser Grundstellung aus um den Winkel $\gamma_H$, dann geht der Querschnitt des Gutshaufens in Dreieck $AB'C'$ über. Der verkleinerte Haufen hat je m Länge die Berührungsfläche

$$h' + h' \cdot tg \, (\gamma_g - \gamma_H)$$

und die freie Oberfläche

$$\frac{v \cdot h'}{\cos(\gamma_g - \gamma_H)} .$$

In dem Maße, wie der obere Haufen $ABC$ kleiner wird, wächst der untere Haufen $DEF$ (Abb. 21). Im zeitlichen Durchschnitt sind die Begrenzungsflächen der beiden geteilten Haufen genau doppelt so groß wie die des Einzelhaufens. Setzt man noch den Umstand, daß der untere Haufen kurzzeitig Vierecks- statt Dreiecksquerschnitt hat, durch die Faktoren $\zeta_B''$ und $\zeta_F''$ in Rechnung, so erhält man für die $l$ m lange Trommel im zeitlichen „Durchschnitt":

Berührungsfläche der geteilten Gutshaufen

$$F_B'' = \frac{2\,\zeta_B'' \cdot j \cdot l}{\gamma_g}\, h' \int\limits_{\gamma_H = 0}^{\gamma_H = \gamma_g} [1 + \operatorname{tg}(\gamma_g - \gamma_H)]\, d\gamma_H \qquad (18)$$

$$= \frac{2\,\zeta_B'' \cdot j \cdot l}{\gamma_g}\, h'(\gamma_g - \ln \cos\gamma_g) \quad [\mathrm{m}^2]\,,$$

freie Oberfläche der geteilten Gutshaufen

$$F_C'' = \frac{2\,v\,\zeta_F'' \cdot j \cdot l}{\gamma_g}\, h' \int\limits_{\gamma_H = 0}^{\gamma_H = \gamma_g} \frac{d\gamma_H}{\cos(\gamma_g - \gamma_H)} \qquad (19)$$

$$= \frac{2\,v \cdot \zeta_F'' \cdot j \cdot l}{\gamma_g}\, h' \cdot \ln \operatorname{tg}\left(\frac{\pi}{4} - \frac{\gamma_g}{2}\right) \quad [\mathrm{m}^2].$$

Beim Abrieseln von den Einbauten zerfällt die Gutsschicht teils in feinste Staubkörnchen, teils in grobe Brocken und Klumpen, die als ganze stoßweise abstürzen. Die so entstehende Oberflächenvergrößerung hängt von der Art des Gutes ab. Wärmestrahlen, die auf das stürzende Gut zukommen, treffen nur die vordersten Körner. Als empfangende Oberflächen wirken hier, grob betrachtet, nur die ebenen Flächen, die von den Absturzkanten bis zu den Auftrefflinien reichen. Das am stürzenden Gut vorbeistreichende Gas dagegen umspült einzelne Körner von allen Seiten, andere nur einseitig oder gar nicht. Eingehende Untersuchungen hierüber scheinen bisher nicht gemacht worden zu sein. Zum ungefähren Abschätzen des konvektiven Wärmeübergangs an das fallende Gut sei dieses hier in zwei Schichten geteilt gedacht: in die „Schicht des Spritzkorns" und in die geschlossene Schicht des „Wolkenkerns", die nur an den Längsseiten vom strömenden Gas berührt werde. Zunächst sei die Oberfläche des Spritzkorns betrachtet.

Die durchschnittliche Fallhöhe der Körner sei $h$, die Länge der abrieselnden Schicht $l$. Bestände das Spritzkorn aus einer senkrechten ebenen Schicht mit lauter gleichen Würfeln von der Kantenlänge $d_K$,

die sich an ihren Flächen unmittelbar berühren, so würden in einer
senkrechten, parallel zur Trommelachse durch die Schicht gehenden
Schnittfläche $h \cdot l/d_K^2$ Körner hinter- und untereinander schweben. Wenn
sich dabei gleichzeitig, quer zur Schleierfläche gezählt, in der Schicht
$\sigma_{sp}$ Körner nebeneinander befänden, so würde diese Schicht insgesamt
$\sigma_{sp} \cdot h \cdot l/d_K^2$ Körner enthalten. Diese Körner hätten, weil jedes von
ihnen, sobald es die anderen nicht mehr berührt, die freie Oberfläche $6\, d_K^2$
besitzt, insgesamt die Oberfläche

$$6\, d_K^2 \cdot \sigma_{sp} \cdot h \cdot l/d_K^2 .$$

In Wirklichkeit gibt es aber in einer Trommel $j$ solcher Schichten. Ferner
sind die Körner nicht würfelförmig, und sie besetzen die Schichten nicht
so dicht, wie angenommen. Die Gesamtoberfläche des Spritzkorns ist
daher tatsächlich $k$-mal so groß, wie vorhin berechnet, und also durch
die Gleichung gegeben

$$F_{sp} = 6\, j \cdot k \cdot \sigma_{sp} \cdot h \cdot l \quad [\mathrm{m}^2], \tag{20}$$

worin der Faktor $k$ in der Regel wesentlich kleiner als 1 sein dürfte.

Der Kern der Rieselwolken, der wie ein ebener Teppich von der
Breite $j \cdot h$ und der Länge $l$ doppelseitig umspült wird, hat die Oberfläche
$$F_t''' = 2\, j \cdot l \cdot h \quad [\mathrm{m}^2]. \tag{21}$$

Die vorhin berechneten Oberflächen stehen nicht dauernd, sondern
nur zeitweise zum Wärmeempfang bereit. Für die Wärmemenge, die
an eine solche Fläche stündlich übergeht, ist also nicht allein die Größe
der Fläche, sondern das Produkt „Größe mal Zeitanteil der Wärmeaufnahme" maßgebend.

Die in einer Trommel befindlichen Gutshaufen sollen während einer
Umdrehung der Trommel $a'$-mal von den Tragblechen abgeschüttet
und beim Abschütten jeweils um den Winkel $\gamma_g$ gedreht werden. Dann
steht die Abschüttdauer zur gesamten Aufenthaltszeit des Gutes in der
Trommel im Verhältnis

$$\chi'' = a' \frac{\gamma_g}{2\pi} \qquad (\gamma_g \text{ im Bogenmaß}). \tag{22}$$

Wenn sich das letzte Korn eines Gutshaufens über die Abschüttkante hinweg bewegt hat, muß es noch auf das nächst untere Tragblech
fallen. Wie später gezeigt wird, ist die Fallzeit bei Körnern, die nicht
allzu klein sind, so kurz, daß sie hier außer acht bleiben kann. Alsdann
hat die Zeit, während der das Gut auf den Einbauten ruht, ohne abgeschüttet zu werden, an der Gesamtzeit den Anteil

$$\chi' = 1 - a' \frac{\gamma_g}{2\pi}. \tag{23}$$

Wir berechnen damit nun die Gesamtfläche, an der das Gut im zeitlichen Durchschnitt den Trommeleinbau und -mantel berührt. Die „doppelseitig" gerechnete Oberfläche des Trommeleinbaus sei $F_E$, die Innenfläche des Mantels $F_M$. Bei den üblichen Trommeln kann man ganz grob so rechnen, als ob das Gut von diesen Flächen prozentual gleiche Anteile bedecke. Dann hat der von Gut bedeckte Oberflächenteil des Einbaus im zeitlichen Durchschnitt die Größe

$$F_{B_{E,St}} \approx \frac{F_E}{F_E + F_M}(F_B'\chi' + F_B''\chi'') \quad [\mathrm{m^2}] \tag{24}$$

und der entsprechende Teil des Mantels die Größe

$$F_{B_{M,St}} \approx \frac{F_M}{F_E + F_M}(F_B'\chi' + F_B''\chi'') \quad [\mathrm{m^2}]. \tag{25}$$

Die Gutsoberfläche, die im zeitlichen Durchschnitt für den konvektiven Wärmeübergang bereitsteht, ergibt sich ähnlich. Sie ist:

an den Gutshaufen
$$F_{C_{L,St}} = F_C'\chi' + F_C''\chi'' \quad [\mathrm{m^2}], \tag{26}$$

am Wolkenkern
$$F_{C_{L,St}}' = F_t'''\chi'' \quad [\mathrm{m^2}], \tag{27}$$

am Spritzkorn
$$F_{C_{L,St}}'' = F_{sp}\cdot\chi'' \quad [\mathrm{m^2}]. \tag{28}$$

Ebenso läßt sich jetzt die zeitliche Durchschnittsgröße der Oberfläche angeben, an der das Gut Wärmestrahlung aufnimmt.

Die einzelnen Teile der freien Gutsoberfläche können jeweils nur zeitweise, nämlich solange sie von anderen Körpern nicht verdeckt sind, Wärmestrahlen empfangen.

Den von den Trommeleinbauten ausgehenden Wärmestrahlen wird der Weg zu den Haufenoberflächen teilweise durch die Rieselschleier verlegt. Die im zeitlichen Durchschnitt wirklich mit den Einbauten in Strahlungsaustausch stehende Gutsoberfläche $F_{S_{E,St}}$ sei nur $k_{S_{E,St}}$-mal so groß ($k_{S_{E,St}} < 1$) wie die gesamte freie Gutsoberfläche

$$F_{S_{E,St}} = k_{S_{E,St}}(F_C'\chi' + F_C''\chi'' + F_t'''\chi'') \quad [\mathrm{m^2}]. \tag{29}$$

Für die Wärmestrahlen, die vom Trommelmantel ausgehen, bilden sowohl die Rieselschleier als ein Teil der Trommeleinbauten Hindernisse. Die vom Trommelmantel Strahlung empfangende Gutsoberfläche sei im zeitlichen Durchschnitt

$$F_{S_{M,St}} = k_{S_{M,St}}(F_C'\chi' + F_C''\chi'' + F_t'''\chi'') \quad [\mathrm{m^2}], \tag{30}$$

worin $k_{S_{M,St}}$ gewöhnlich sehr viel kleiner als 1 ist.

Der vom Gas ausgehenden Wärmestrahlung bietet das Gut im zeitlichen Durchschnitt die Oberfläche dar

$$F_{S_{L,St}} = F_C'\chi' + F_C''\chi'' + F_t'''\chi'' \quad [\mathrm{m^2}]. \tag{31}$$

Es bleibt noch übrig, die zeitliche Durchschnittsgröße der Austausch-
flächen am Trommeleinbau und -mantel anzuschreiben.

Für den Austausch infolge Gaskonvektion und Gasstrahlung am
Einbau ergibt sich die Fläche:

$$F_{C_{L,E}} = F_{S_{L,E}} = F_E - \frac{F_E}{F_E + F_M} (F'_B \chi' + F''_B \chi'') \quad [\text{m}^2] \quad (32)$$

und für den am Mantel die Fläche

$$F_{C_{L,M}} = F_{S_{L,M}} = F_M - \frac{F_M}{F_E + F_M} (F'_B \chi' + F''_B \chi'') \quad [\text{m}^2], \quad (33)$$

während für den Strahlungsaustausch zwischen Einbau und Mantel am
Mantel die Fläche zur Verfügung steht:

$$F_{S_{E,M}} = k_{S_{E,M}} \left[ F_M - \frac{F_M}{F_E + F_M} (F'_B \chi' + F''_B \chi'') \right] \quad [\text{m}^2], \quad (34)$$

worin $k_{S_{E,M}}$ wiederum ein Faktor ist, der angibt, in welchem Maße die
Rieselschleier des Gutes den Austausch behindern.

## B. Berechnung und Schätzung der Wärmeübergangszahlen.

Der Übergang der Wärme von einem Stoff zum anderen, gleichgültig
welche Ursache er habe, kann formal stets durch die Grundgleichung

$$Q = \alpha \cdot F \cdot (\vartheta_1 - \vartheta_2) \cdot t_U \quad (35)$$

beschrieben werden.

$Q$ = übergehende Wärmemenge [kcal],
$F$ = Größe der Fläche, an der die Wärme übergeht [m²],
$\vartheta_1$ = Temperatur des Wärme abgebenden Stoffes [°],
$\vartheta_2$ = Temperatur des Wärme empfangenden Stoffes [°],
$t_U$ = Dauer des Wärmeübergangs [h],
$\alpha$ = Wärmeübergangszahl [kcal/m²h°].

Die Körper, an die in einer Trommel Wärme übergeht, wechseln
andauernd ihre Temperatur. Sofern nichts anderes gesagt wird, gilt
im weiteren als Temperatur eines solchen Körpers diejenige, die der
Körper in einem sehr kurz gedachten Abschnitt der Trommel im zeitlichen und örtlichen Durchschnitt hat.

Für die späteren Überlegungen ist es wichtig, ungefähr zu wissen,
welchen Anteil die verschiedenen Arten des Wärmeübergangs in Trommeln am Gesamtwärmeübergang haben. Von den einen wird behauptet,
der konvektive Wärmeübergang an das von den Einbauten rieselnde
Korn sei überragend, während andere das bestreiten. Diese Fragen
experimentell zu klären, könnte nur in einfachen Fällen gelingen und
würde einen großen Versuchsaufwand erfordern. Weil die Übergangsbedingungen häufig stark von denen abweichen, die bei den bekannten
Wärmeübergangsgleichungen vorausgesetzt sind, ist auch eine genaue
Berechnung nicht möglich. Hier sei versucht, wenigstens ganz ungefähr

abzuschätzen, wie der Wärmeübergang unter den Bedingungen, die in Trommeln herrschen, vermutlich vor sich geht, und das Ergebnis dieser Überlegungen dann durch Daten zu stützen, die auf andere Art gewonnen werden.

## 1. Der Wärmeübergang an die den Trommeleinbau und -mantel berührenden Teile des Gutes.

In einer sich drehenden Trommel wird das auf den Einbauten und dem Mantel liegende Gut dauernd von Stelle zu Stelle gewälzt und umgeschüttet. Teile, die zu irgendeinem Zeitpunkt die Einbaubleche berührten und von anderen bedeckt waren, kommen an die Oberfläche der Haufen, und andere, die anfänglich oben lagen, gelangen nach unten. So tauschen Teile der verschiedensten Schichten ständig Wärme untereinander.

Wir suchen die Wärmemenge, die unter diesen Umständen von den Tragblechen ins Gut strömt. Würden die Gutskörner, solange sie jeweils die Tragbleche berühren, immer wieder andere Nachbarn erhalten, etwa kältere Körner aus dem Haufeninneren, so ließe sich diese Wärmemenge kaum berechnen. Beobachten wir aber das wirkliche Verhalten der Körner, so finden wir, daß selbst gut rieselnde Körner die Plätze nur wenig untereinander wechseln. Anders ist es beim Abschütten der Haufen. Hierbei geraten die Körner sehr stark durcheinander, und Temperaturunterschiede, die vorher zwischen ihnen bestanden, werden geringer. Im weiteren werde zunächst angenommen, daß die Körner, solange die Gutshaufen auf den Tragteilen ruhen, gar nicht, beim Abschütten aber vollkommen gemischt werden.

Zu Beginn eines bestimmten Zeitabschnitts sei das Abschütten eines Gutshaufens gerade beendet, am Ende des Abschnitts sei dieser Zustand wieder erreicht. Während des Zeitabschnitts, der $t_B$ Stunden dauere, wird das Gut von unten erwärmt, weil $t_B$ sehr kurz ist, aber nur nahe der Auflagefläche, während die freie Oberfläche ihre Temperatur behält. Die Dicke des Haufens spielt hier fast keine Rolle, was bedeutet, daß wir den Haufen während der Zeit $t_B$ auch als unendlich dicke Platte betrachten dürfen.

An 1 m² Auflagefläche einer solchen Platte geht in der Zeit $t_B$ insgesamt die Wärmemenge über [15]:

$$q_B = \frac{2\,\lambda_{nSt} \cdot (\vartheta_E - \vartheta_0)}{\sqrt{a_{nSt} \cdot \pi}} \sqrt{t_B} \qquad [\text{kcal}/\text{m}^2]. \tag{36}$$

$\vartheta_E$  = durchschnittliche Temperatur der Tragfläche des Gutes [°],
$\vartheta_0$  = durchschnittliche Temperatur des Gutes zu Beginn des betrachteten Zeitabschnitts [°],
$\lambda_{nSt}$ = Wärmeleitzahl des (evtl. feuchten) Gutes [kcal/mh°],
$a_{nSt}$ = Temperaturleitzahl des Gutes [m²/h].

Die Wärmemenge $q_B$ erhöht bis zum Ende des betrachteten Zeitabschnitts die Durchschnittstemperatur des Gutes um $q_B/G_B\,c_{nSt}{}^\circ$, wenn $G_B$ das Gewicht des auf 1 m² Auflagefläche befindlichen Gutes in kg und $c_{nSt}$ die spezifische Wärme des Materials [kcal/kg °] ist. Im zeitlichen und örtlichen Durchschnitt hat, wie sich aus (36) leicht ableiten läßt, das Gut die Temperatur

$$\vartheta_m = \vartheta_0 + \frac{2 q_B}{3 G_B \cdot c_{nSt}}.$$

Mit dieser Temperatur können wir die vom Tragblech ans Gut übergehende Wärmemenge auch durch die Gleichung ausdrücken

$$q_B = \alpha_B \,(\vartheta_E - \vartheta_m)\, t_B \quad [\text{kcal/m}^2],$$

wobei $\alpha_B$ als „Wärmeübergangszahl" anzusehen ist. Aus den obigen Gleichungen folgt für dieses $\alpha_B$, wenn $\gamma_{nSt}$ das Schüttgewicht des Gutes bedeutet:

$$\alpha_B = \frac{q_B}{\left(\vartheta_E - \vartheta_0 - \dfrac{2 q_B}{3 G_B \cdot c_{nSt}}\right) t_B} = \frac{1}{\sqrt{\dfrac{\pi \cdot t_B}{4\, \lambda_{nSt} \cdot c_{nSt} \cdot \gamma_{nSt}} - \dfrac{2 t_B}{3 G_B \cdot c_{nSt}}}}.$$

Die bisherigen Annahmen — unendlich dicke Schicht, vollständiger Temperaturausgleich in der Schicht beim Umschütten usw. — stehen mit der Wirklichkeit nicht ganz in Einklang. Wir führen daher einen Faktor $k_m < 1$ ein, der das Ergebnis ungefähr richtigstellt. Indem wir weiter statt $t_B$ den Ausdruck $1/60\, a'\, n$ setzen, worin $n$ die Drehzahl der Trommel je Minute und $a'$ die Zahl der Abrieselungen je Umdrehung darstellt, erhalten wir für $\alpha_B$ schließlich:

$$\alpha_B = \frac{k_m}{\sqrt{\dfrac{\pi}{240\, \lambda_{nSt} \cdot c_{nSt} \cdot \gamma_{nSt} \cdot a' \cdot n} - \dfrac{1}{90\, G_B \cdot c_{nSt} \cdot a' \cdot n}}}. \tag{37}$$

Die Wärmeleitzahl $\lambda_{nSt}$ *[19]* und ebenso $c_{nSt}$ und $\gamma_{nSt}$ ändern sich stark mit dem Feuchtigkeitsgehalt des Gutes, folglich auch $\alpha_B$.

## 2. Der konvektive Wärmeübergang an den Trommeleinbau, den Mantel, die Gutshaufen und das abstürzende Gut.

Der konvektive Wärmeübergang kommt zustande, indem Gasteilchen auf irgendwelche Art an die Berandungsflächen „herangeführt" werden, wo sie Wärme abgeben oder aufnehmen.

In Trommeln hat der konvektive Wärmeübergang drei Ursachen:

a) die meistens künstlich erzeugte Bewegung des Gases in Trommellängsrichtung,

b) die quer dazu stattfindende Bewegung des Gases, die von den rutschenden und fallenden Gutskörnern und der sich drehenden Trommel herrührt, und

c) die Bewegung des Gases, die durch Temperaturunterschiede zwischen Gut, Einbau und Mantel hervorgerufen wird (natürliche Konvektion).

Der Wärmeübergang unter diesen verwickelten Verhältnissen scheint bisher nicht erforscht worden zu sein.

Wenn die erste der erwähnten Bewegungen vorherrscht, können wir die Gasströmung in den Trommelzellen am ehesten mit der Axialströmung in Rohren vergleichen. Zur Berechnung der Wärmeübergangszahl an den von Gut nicht bedeckten Trommelteilen bei turbulenter Strömung gilt dann neben vielen anderen z. B. die einfache Gleichung von Schack [15], in der wir wohl die Zahlenwerte der Konstanten etwas erhöhen dürfen, wenn wir alle erwähnten Einflüsse ungefähr berücksichtigen wollen:

$$\alpha_{C_{L,E}} = \alpha_{C_{L,M}} = \left(4{,}62 + 0{,}218\,\frac{\vartheta_L}{100}\right) \frac{v_{L_0}^{0,75}}{d_h^{0,25}}\,. \tag{38}$$

$\alpha_{C_{L,E}} = \alpha_{C_{L,M}} =$ Wärmeübergangszahl am Einbau und Mantel [kcal/m²h°],
$\vartheta_L$    = Temperatur des Gases [°],
$v_{L_0}$    = Gasgeschwindigkeit, auf Normzustand bezogen [m/s],
$d_h$    = hydraulischer Durchmesser der Einbauzelle [m].

Häufig strömt das Gas nur mit $v_{L_0} = 0{,}2$ bis $0{,}5$ m/s durch die Trommel und unterliegt dann vornehmlich den Einflüssen, die es quer bewegen. Bei den späteren Zahlenrechnungen wurde dann als $v_{L_0}$ die geometrische Summe aus der axialen Gasgeschwindigkeit und der durchschnittlichen Rutsch- und Fallgeschwindigkeit der Körner angesehen.

Der konvektive Wärmeübergang an die *Gutshaufen* ist noch viel verwickelter als der an die Trommelwandungen. Während die Wandungen wenigstens ihre Gestalt und gegenseitige Lage nicht ändern, rutschen und rollen die Gutsteile dauernd durcheinander und ändern fortwährend die Gestalt der Haufenoberfläche. Dabei wird die Luftgrenzschicht über den Haufen vermutlich immer wieder zerstoßen und verwirbelt, so daß der Wärmeübergang besser vonstatten geht als nach obigen Annahmen. Dieser vermuteten Wirkung wurde später Rechnung getragen, indem als Wärmeübergangszahl $\alpha_{C_{L,St}}$ an den Haufen ein um 20% höherer Betrag eingesetzt wurde, als Gl. (38) ergibt.

Wenn feinkörniges Gut von Einbauten abrieselt, bildet seine Hauptmasse einen ebenen Teppich dicht hintereinander liegender Körner, an den die Wärme vermutlich so übergeht wie an eine rauhe Wand. Die Wärmeübergangszahl ($\alpha'_{C_{L,St}}$) an solchen *Wolkenkernen* folgt vermutlich ungefähr der Gl. (38) (mit passend gewähltem $v_{L_0}$).

Durch Querwirbel des Gases werden aus den Rieselschleiern einzelne Körner — die früher sog. *Spritzkörner* — herausgerissen und allseitig umspült. Bei sehr grobkörnigem Gut dürfte ungefähr allseitige Umspülung aller Körner das Gewöhnliche sein. Hier ist der Wärmeübergang dann unter sonst gleichen Umständen viel lebhafter als an der Haufenoberfläche.

Untersuchungen über den Wärmeübergang an Schwebekörper wurden von mehreren Forschern gemacht. Über einige berichtete DREYER [20] zusammenfassend. Für den Bereich der PÉCLETschen Zahlen, in dem sich der Wärmeübergang in Trommeln gewöhnlich abspielt, enthält aber nur die Arbeit von JOHNSTONE, PIGFORD und CHAPIN [21] Angaben, und zwar fanden diese Verfasser als Zusammenhang zwischen der PÉCLETschen Kennzahl $Pe$ und der NUSSELTschen Kennzahl $Nu$ bei kugelförmigen Schwebekörpern:

| $Pe$ | 0,1 | 1 | 10 | 100 | 1000 |
|---|---|---|---|---|---|
| $Nu$ | 2 | 2 | 2,8 | 7,5 | 24 |

worin $Pe = v_L \cdot d_K/a_L,$ $\qquad Nu = \alpha''_{C_{L,St}} \cdot d_K/\lambda_L$

$v_L$ = Geschwindigkeitsunterschied zwischen Gas und Korn [m/h],
$d_K$ = Korndurchmesser [m],
$a_L$ = Temperaturleitzahl des Gases [m²/h],
$\lambda_L$ = Wärmeleitzahl des Gases [kcal/mh°],
$\alpha''_{C_{L,St}}$ = Wärmeübergangszahl Gas-Spritzkorn [kcal/m²h°].

## 3. Der Wärmeaustausch in den Kornzwischenräumen infolge Gaseinschluß, der Strahlungsaustausch im Trommelinneren sowie die Wärmeleitung zwischen Einbau und Mantel.

Während das Gut abrieselt, schließt es in die Räume, die zwischen den Körnern des entstehenden Haufens frei bleiben, heißes Gas ein, das so lange dort bleibt, bis das Gut erneut abrutscht. Währenddessen gibt das eingeschlossene Gas eine gewisse Wärmemenge ans Gut ab, die allerdings meistens nicht sehr ins Gewicht fällt.

Man erkennt, daß die Wärmemenge, die auf diese Weise übertragen wird, um so größer ist, je öfter das Gut in der Zeiteinheit abgeschüttet wird, also je größer das Produkt $a' \cdot n$ ist, daß diese Wärmemenge mit dem Füllungsgrad $\tau$ der Trommel wächst und mit der Wichte $\gamma_L$ und der spezifischen Wärme $c_L$ des Gases zunimmt. Je Grad Temperaturunterschied zwischen dem außen vorbeistreichenden Gas und der Kornoberfläche im Haufeninneren nimmt so das in der Raumeinheit der Trommel befindliche Gut *durch Gaseinschluß* stündlich ungefähr die Wärmemenge auf

$$\alpha_i^* = C \cdot a' \cdot n \cdot \tau \cdot \gamma_L \cdot c_L \quad [\text{kcal/m}^3\text{h}°]. \qquad (39)$$

Der Faktor $C$ hängt etwas von der Korngröße ab und hat meistens ungefähr den Wert 40.

Wir wenden uns dem *Strahlungsaustausch* im Trommelinneren zu. Die in Trommeln befindlichen Körperoberflächen haben verschiedene

Temperaturen. Die wärmeren senden mehr Wärmestrahlen aus, als sie von den kälteren empfangen, und geben so Wärme an jene ab.

Unter üblichen Bedingungen hat der Strahlungsaustausch zwischen den Festkörpern in Trommeln, in denen das Gas unmittelbar mit dem Gut in Berührung kommt, vor allem in solchen zur Trocknung feuchter Güter, nur untergeordnete Bedeutung, weil die Körper an sich keine sehr hohen Temperaturen und untereinander keine großen Temperaturunterschiede annehmen. Es genügt daher, den Strahlungseinfluß in solchen Trommeln ganz grob abzuschätzen.

Man kann zeigen, daß die „Wärmeübergangszahl" für die Strahlung zwischen dem Einbau und dem Gut durch eine Näherungsgleichung

$$\alpha_{S_{E,St}} \approx 4{,}96 \cdot \varepsilon_E \cdot \varepsilon_{St} \cdot \sigma_{St,E} \frac{\left(\frac{T_E}{100}\right)^4 - \left(\frac{T_{St_0}}{100}\right)^4}{T_E - T_{St_0}} \quad [\text{kcal/m}^2\text{h}^\circ] \tag{40}$$

wiedergegeben werden kann, die um so genauer gilt, je näher die Schwärzegrade $\varepsilon_E$ und $\varepsilon_{St}$ des Einbaus und des Gutes bei 1 liegen. $T_E$ bedeutet die absolute Temperatur des Einbaus [° K], $T_{St_0}$ diejenige der Gutsoberfläche. $\sigma_{St,E}$ ist ein Faktor $< 1$, der die geometrischen Verhältnisse des Strahlungsaustausches berücksichtigen soll.

Gleichungen wie die obige lassen sich auch für den Strahlungsaustausch zwischen dem Mantel und dem Gut sowie zwischen dem Einbau und dem Mantel anschreiben.

Auch die durch die Trommeln streichenden Gase strahlen Wärme aus, wenn sie Kohlendioxyd ($CO_2$) und Wasserdampf ($H_2O$) enthalten. Für *die $CO_2$- und $H_2O$-Strahlung* gab SCHACK [15] einfache Berechnungsformeln an, auf die hier verwiesen sei.

Weil ein Teil der Absorptionsbanden von $CO_2$ und $H_2O$ bei den gleichen Wellenlängen liegt, kann man die Strahlung der beiden Gase, wenn sie gleichzeitig auftritt, an sich nicht addieren. SCHACK [15] zeigte aber, daß der Fehler, den man bei einfacher Addition begeht, häufig doch nur gering ist.

Gase, die Trommeln durchziehen, wehen nicht selten erhebliche Mengen Staub auf. Wenn der aufgewehte Staub grob ist, behindert er den Strahlungsaustausch zwischen den Einbauten, dem Mantel, dem Gut und dem Gas; besteht er jedoch aus sehr feinen trockenen Teilen, so nimmt er verhältnismäßig schnell eine erhöhte Temperatur an und wirkt selbst als Strahlungsquelle.

Die Trommeleinbauten und der Mantel tauschen nicht nur durch Strahlung, sondern auch durch *Leitung* Wärme miteinander. Da diese Trommelteile aber fortwährend ihre Temperaturen ändern, ist es schwierig, die auf diese Weise übergehenden Wärmemengen genau zu berechnen. Im allgemeinen allerdings, vor allem in Trommeln mit Wärmedämmschichten auf den Mänteln, haben die Einbauten und Mäntel keine stark verschiedenen Temperaturen, so daß der Wärmeaustausch zwischen diesen Teilen gering bleibt. In Zahlentafel 5 sind grob geschätzte Werte angegeben.

## C. Die Temperaturen des Trommeleinbaus, des Mantels und des Gutes.

### 1. Die Durchschnittstemperaturen und Temperaturschwankungen des Einbaus und Mantels.

Wenn man unterstellt, daß die durchschnittliche und die Oberflächentemperatur des Gutes annähernd übereinstimmen, läßt sich die durchschnittliche Temperatur des Einbaus und des Mantels berechnen. Im Beharrungszustand müssen nämlich die Wärmemengen, die an jeden einzelnen dieser Konstruktionsteile übergehen, zusammengenommen gleich den Wärmemengen sein, die insgesamt von den Teilen wegfließen. Man erhält zwei lineare Gleichungen für die in einem bestimmten Trommelquerschnitt herrschende durchschnittliche Einbautemperatur $\bar{\vartheta}_E$ und Manteltemperatur $\bar{\vartheta}_M$, aus denen sich die Temperaturen selbst wie folgt ergeben:

Einbautemperatur    $\bar{\vartheta}_E = a_E \cdot \vartheta_L + b_E \cdot \vartheta_{St} + c_E,$    (41)

Manteltemperatur    $\bar{\vartheta}_M = a_M \cdot \vartheta_L + b_M \cdot \vartheta_{St} + c_M.$    (42)

Die Festwerte $a_E$, $b_E$ usw. dieser Gleichungen ergeben sich aus den Flächen und Wärmeübergangszahlen, von denen in den Abschnitten V A und V B die Rede war. Herrschen die im Abschnitt V F charakterisierten Verhältnisse (aber auch nur dann!), so gelten die Festwerte nach Zahlentafel 3, die zeigen sollen, in welchem Maße der Einfluß der Gastemperatur mit steigendem $\vartheta_L$ zunimmt, derjenige der Gutstemperatur $\vartheta_{St}$ aber zurückgeht.

Zahlentafel 3. *Festwerte in den Gl. (41) und (42).*

| Angenommene Temperaturen, °C | | Einbau | | | Mantel | | |
|---|---|---|---|---|---|---|---|
| Gas, $\vartheta_L$ | Gut, $\vartheta_{St}$ | $a_E$ | $b_E$ | $c_E$ | $a_M$ | $b_M$ | $c_M$ |
| 100 | 40 | 0,060 | 0,935 | 0,005 | 0,068 | 0,861 | 0,31 |
| 200 | 51 | 0,071 | 0,929 | 0,005 | 0,079 | 0,850 | 0,31 |
| 300 | 57 | 0,085 | 0,905 | 0,005 | 0,094 | 0,825 | 0,31 |
| 400 | 61 | 0,101 | 0,895 | 0,006 | 0,112 | 0,815 | 0,31 |

Die hier angeschriebenen Einbau- und Manteltemperaturen sind ihrer Ableitung entsprechend örtliche Mittelwerte, die in einem bestimmten Trommelquerschnitt herrschen. Ferner stellen sie zeitliche

Mittelwerte dar, um welche die örtlichen Durchschnittswerte hin- und her schwanken.

Die Schwankungen der Einbau- und der Manteltemperatur kommen daher, daß die Trommelinnenteile abwechselnd von Gut bedeckt und, von Gas bestrichen werden. Am stärksten sind die Schwankungen dort, wo von den Elementen keine Wärme seitlich abfließt. Man kann sie verhältnismäßig leicht berechnen, falls sie wesentlich kleiner sind als die Temperaturunterschiede des betrachteten Stückes gegenüber dem Gas oder Gut. In Trommeln, die hochwertige Einbauten besitzen und mit den üblichen Drehzahlen betrieben werden, schwankt die Einbautemperatur nur um wenige Grad, die Manteltemperatur noch weniger. Dagegen sind die Schwankungen in Trommeln, die nur einfache Hubleisten haben oder sehr langsam laufen, oft erheblich und können unter Umständen den Trommelwerkstoff gefährden.

### 2. Annähernde Berechnung der Gutstemperatur.

Die genaue Bestimmung des Verlaufs der Gutstemperatur längs der Trommelachse wird im Abschnitt VI C behandelt. Hier ist nur von der Gutstemperatur an solchen Stellen von Trocknungstrommeln die Rede, wo sich diese Temperatur nicht mehr stark ändert, wie z. B. oft im hinteren Teil von Gleichstromtrommeln. An solchen Stellen wird der überwiegende Teil der ins Gut eindringenden Wärme zum Verdunsten der Feuchtigkeit verbraucht. Sind die Wärmeverluste an den Trommelwandungen gering, so hat hier der Faktor $z_a$ in Gl. (10) den Wert 1. Unter den Voraussetzungen, die im Abschnitt IV B 2 gemacht wurden, kann man dann statt der Gl. (10) schreiben:

$$\frac{(\vartheta_L - \vartheta_{St}) \cdot R_D \cdot T}{[r + c_D \cdot (\vartheta_L - \vartheta_{St})] \cdot (P'_D - P_D)} = \frac{\beta \cdot F_\sigma}{\alpha \cdot F} = \frac{\alpha_0 \cdot F_\sigma}{\mu \cdot \alpha \cdot F} = \frac{\zeta}{\mu}, \qquad (43)$$

worin $\zeta$ angibt, in welchem Verhältnis die durch Konvektion ins Gut gelangende Wärmemenge zur gesamten übertretenden Wärmemenge steht und $\mu$ das Verhältnis der konvektiven Wärmeübergangszahl $\alpha_0$ zur Stoffübergangszahl $\beta$ an der Austauschfläche zwischen Gas und Gut bedeutet.

Das Verhältnis $\zeta$ kann aus den Flächen und Wärmeübergangszahlen berechnet werden, von denen die Abschnitte V A und V B handeln. Wenn die im Abschnitt V F aufgeführten Grunddaten gelten, dann steigt $\zeta$ bei 200° Gastemperatur von 0,528 auf 0,55, falls die Gutstemperatur gleichzeitig von 20 auf 100° heraufgeht. Bei 400° Gastemperatur und gleichen Gutstemperaturen bewegt sich $\zeta$ zwischen 0,489 und 0,495. Man sieht also, $\zeta$ ist nur wenig veränderlich. Für das Verhältnis $\mu$ gilt nach ACKERMANN [22] bei turbulenter Gasströmung:

$$\mu = \frac{\alpha_0}{\beta} = \frac{\lambda_L}{k_D} \left( \frac{k_D \cdot \gamma_L \cdot c_L}{\lambda_L} \right)^{1/3} \frac{P'_D - P_D}{P_0 \ln \dfrac{P_0 - P_D}{P_0 - P'_D}} + \frac{1}{2} \frac{M_D \cdot c_L}{848\,T} (P'_D - P_D), \qquad (44)$$

worin die Glieder hinter dem Potenzausdruck Korrekturglieder sind, die nur bei verhältnismäßig großen Teildruckunterschieden Bedeutung haben. In den üblichen Fällen liegt $\mu$ zwischen 0,1 und 0,3.

$\lambda_L$ = Wärmeleitzahl des Gases [kcal/mh°],
$k_D$ = Diffusionszahl des Dampfes im Gas [m²/h],
$\gamma_L$ = Wichte des Gases [kg/m³],
$c_L$ = Spezifische Wärme des Gases [kcal/kg°],
$P_0$ = Gesamtdruck des Gases ($\approx$ Atmosphärendruck) [kg/m²],
$M_D$ = Molekulargewicht des Dampfes.

Bei gegebener Gastemperatur $\vartheta_L$ ist die rechte Seite der Gl. (43) nahezu unabhängig von der Gutstemperatur $\vartheta_{St}$. $P_D'$ ist allein eine Funktion von $\vartheta_{St}$, die in den bekannten Sattdampftafeln tabelliert ist. Man kann daher aus Gl. (43) $\vartheta_{St}$ leicht berechnen, wenn man $P_D$ kennt (am besten durch Probieren).

Die Gl. (43) erweist sich als besonders nützlich, wenn man die Endtemperatur des Gutes in Gleichstromtrommeln annähernd bestimmen will.

## D. Der Wärmeverlust am Trommelmantel.

Um die Wärmeverluste gering zu halten, rüstet man die Trommeln gewöhnlich mit Wärmedämmschichten aus, die den Mantel ringförmig umgeben und außen durch ein Hüllblech abgeschlossen sind. Die Dämmschichten selber sind meistens nichts anderes als schmale lufterfüllte Ringräume.

Der Widerstand, den der nach außen gehende Wärmefluß im Trommelmantel und im Hüllblech der Dämmschicht findet, ist gegenüber den übrigen Widerständen meistens bedeutungslos, so daß für die Wärmedurchgangszahl der Trommelwandung die Gleichung gilt:

$$k_{L,a} = \frac{1 + v_U + v_f}{\dfrac{1}{\alpha_M} + \dfrac{\delta_d}{\lambda_d} + \dfrac{1}{\alpha_a}} . \tag{45}$$

$\alpha_M$ = Gesamtwärmeübergangszahl an der Mantelinnenfläche [kcal/m²h°],
$\delta_d$ = Dicke der Wärmedämmschicht [m],
$\lambda_d$ = Wärmeleitzahl der Dämmschicht [kcal/mh°],
$\alpha_a$ = Gesamtwärmeübergangszahl an der Trommelaußenfläche [kcal/m²h°].

Die Zahl $v_U$ trägt dem Umstand Rechnung, daß zwischen dem Trommelmantel und dem Hüllblech der Dämmschicht Wärmebrücken bestehen (in Form von Befestigungsteilen, Abstandshaltern und ähnlichem), die die Wärme um die Dämmschicht herum nach außen führen, während $v_f$ ausdrückt, daß der Trommelmantel an den Stellen, wo sich die Laufringe und der Antriebszahnkranz befinden, nur unvollkommen isoliert ist. Es läßt sich berechnen, daß $v_U$ Werte zwischen 0,1 und 0,4 besitzt, wenn die Trommeln in der üblichen Weise ausgeführt sind, während die Werte von $v_f$ zwischen 0,1 und 0,2 liegen.

Die Gesamtwärmeübergangszahl $\alpha_M$ an der Mantelinnenfläche ist eine zusammengesetzte Größe, deren Betrag davon abhängt, wie die Fläche von den Gasen und dem Einbau erwärmt und vom Gut gekühlt wird. Bezieht man $\alpha_M$ auf den Temperaturunterschied zwischen dem Gas und dem Mantel, so erhält man unter den im Abschnitt V F angegebenen Verhältnissen die Werte, die in der Zahlentafel 6 angegeben sind.

An der Außenfläche des Dämmschicht-Hüllblechs findet sowohl Wärmeabstrahlung als konvektiver Wärmeübergang statt. Der letzte hat 3 Ursachen: den natürlichen Auftrieb der an der heißen Trommel erwärmten Luft in der kälteren Umgebungsluft, die der Luft von außen aufgezwungene Bewegung (Luftzug, Wind) und die Drehbewegung der Trommel gegenüber der Umgebung.

LOHRISCH [23] machte Versuche, um den konvektiven Wärmeübergang an rotierenden Zylindern zu klären. Leider lassen sich seine Ergebnisse nicht auf Trommeln übertragen, denn die Übergangsbedingungen stimmen nicht überein. Da die Verhältnisse noch unklar sind, darf man bei der Planung von Anlagen wohl einfach so rechnen, als ob nur eine der genannten Ursachen für den konvektiven Wärmeübergang, aber in verstärktem Maße, wirksam wäre. Zweckmäßig erscheint z. B. die Annahme eines Luftzuges von 3 m/s und dann Verwendung der bekannten Wärmeübergangsformeln für quer angeströmte Rohre zur Berechnung von $\alpha_a$.

## E. Der gesamte Wärmeübergang am Gut.

Mit den Ergebnissen der Unterabschnitte A, B und C können wir die gesamte Wärmemenge berechnen, die das Gut im einzelnen auf den Wegen empfängt, die im Unterabschnitt F (Zahlentafel 4 und 5) genannt sind. Die Summe dieser Wärmemengen sei $Q_{\Sigma St}$. Als „räumliche" Wärmeübergangszahl am Gut gelte dann die Größe:

$$\alpha^* = \frac{Q_{\Sigma St}}{V(\vartheta_L - \vartheta_{St})} \quad [\text{kcal/m}^3\text{h}\,°], \qquad (46)$$

worin $V$ das Leervolumen der Trommel, $\vartheta_L$ die Gas- und $\vartheta_{St}$ die Gutstemperatur an einer bestimmten Stelle bedeuten.

## F. Zahlenbeispiele für den Wärmeaustausch in einer Trommel.

Damit wir die Rolle erkennen, die die einzelnen vom Gas ausgehenden und direkt oder indirekt zum Gut fließenden Teilströme der Wärme spielen, werden nun die Ergebnisse einiger durchgerechneter Beispiele wiedergegeben. Die Angaben gelten zunächst nur für einen Ausschnitt von 1 m Länge aus einer Erwärmungstrommel, in dem überall gleiche Gastemperatur herrscht. Nachher wird auch auf die Verhältnisse in einer Trocknungstrommel eingegangen.

Folgende Annahmen liegen der Berechnung zugrunde, die ungefähr charakteristisch sein dürften:

a) *Gestaltungsmerkmale der Trommel*
   (s. Abb. 23):

Lichter Trommel-
   durchmesser . . . $d = 1,5$ m
Art des Einbaus
       Quadranteneinbau (5 teil.)
Breite der Rieselbleche $h' = 0,18$ m
Wärmedämmung . . Lufthohlraum
Dicke der
   Dämmschicht . . . 40 mm
Korrekturfaktor für die unisolierten
   Mantelteile . . . . . $\nu_J = 0,15$

b) *Stoffwerte der Trommelwerkstoffe:*

Wärmeleitzahl des aus Eisen
   bestehenden Trommelmantels,
   Einbaus und Hüllblechs
        41 kcal/mh°

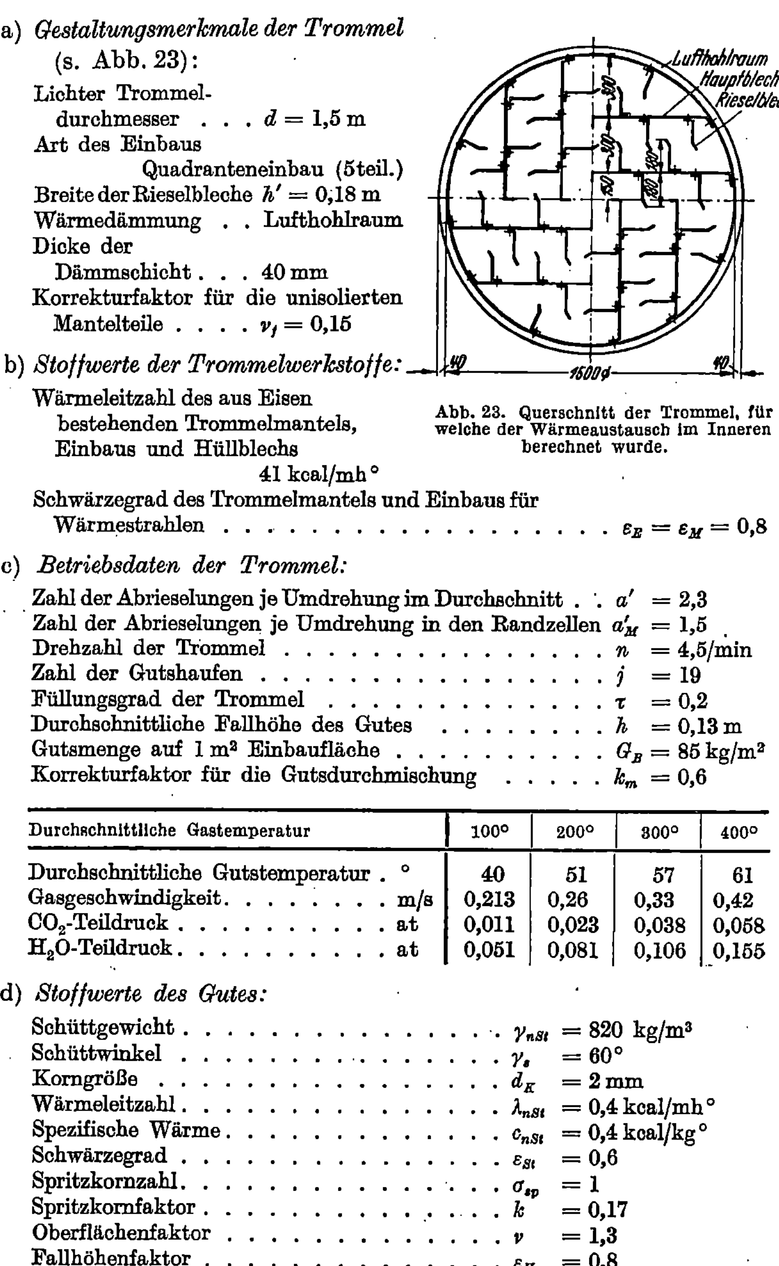



Abb. 23. Querschnitt der Trommel, für welche der Wärmeaustausch im Inneren berechnet wurde.

Schwärzegrad des Trommelmantels und Einbaus für
   Wärmestrahlen . . . . . . . . . . . . . . . . . . . $\varepsilon_E = \varepsilon_M = 0,8$

c) *Betriebsdaten der Trommel:*

Zahl der Abrieselungen je Umdrehung im Durchschnitt . . $a' = 2,3$
Zahl der Abrieselungen je Umdrehung in den Randzellen $a'_M = 1,5$
Drehzahl der Trommel . . . . . . . . . . . . . . . . . $n = 4,5$/min
Zahl der Gutshaufen . . . . . . . . . . . . . . . . . $j = 19$
Füllungsgrad der Trommel . . . . . . . . . . . . . . $\tau = 0,2$
Durchschnittliche Fallhöhe des Gutes . . . . . . . . $h = 0,13$ m
Gutsmenge auf 1 m² Einbaufläche . . . . . . . . . . $G_B = 85$ kg/m²
Korrekturfaktor für die Gutsdurchmischung . . . . . $k_m = 0,6$

| Durchschnittliche Gastemperatur | 100° | 200° | 300° | 400° |
|---|---|---|---|---|
| Durchschnittliche Gutstemperatur . ° | 40 | 51 | 57 | 61 |
| Gasgeschwindigkeit. . . . . . . . m/s | 0,213 | 0,26 | 0,33 | 0,42 |
| $CO_2$-Teildruck . . . . . . . . . . at | 0,011 | 0,023 | 0,038 | 0,058 |
| $H_2O$-Teildruck . . . . . . . . . . at | 0,051 | 0,081 | 0,106 | 0,155 |

d) *Stoffwerte des Gutes:*

Schüttgewicht . . . . . . . . . . . . . . . . . $\gamma_{nSt} = 820$ kg/m³
Schüttwinkel . . . . . . . . . . . . . . . . . $\gamma_s = 60°$
Korngröße . . . . . . . . . . . . . . . . . . . $d_K = 2$ mm
Wärmeleitzahl. . . . . . . . . . . . . . . . . $\lambda_{nSt} = 0,4$ kcal/mh°
Spezifische Wärme. . . . . . . . . . . . . . . $c_{nSt} = 0,4$ kcal/kg°
Schwärzegrad . . . . . . . . . . . . . . . . . $\varepsilon_{St} = 0,6$
Spritzkornzahl. . . . . . . . . . . . . . . . . $\sigma_{sp} = 1$
Spritzkornfaktor . . . . . . . . . . . . . . . $k = 0,17$
Oberflächenfaktor . . . . . . . . . . . . . . . $\nu = 1,3$
Fallhöhenfaktor . . . . . . . . . . . . . . . . $\varepsilon_H = 0,8$

Zahlentafel 4. *Die für den Wärmeaustausch in Erwärmungstrommeln maßgebenden Temperaturen, Flächen (je m³ Trommelraum) und Wärmeübergangszahlen.*

| | | | 100 | 200 | 300 | 400 |
|---|---|---|---|---|---|---|
| Gastemperatur, angenommen | | °C | 100 | 200 | 300 | 400 |
| Gutstemperatur, angenommen | | °C | 40 | 51 | 57 | 61 |
| Einbautemperatur, gefunden | | °C | 43 | 61 | 77 | 95 |
| Manteltemperatur, gefunden | | °C | 42 | 59 | 75 | 94 |

| Wärmeübergang | | Fläche (oder Raum) | | Wärmeübergangszahl kcal/m² h° (kcal/m³ h°) | | | | |
|---|---|---|---|---|---|---|---|---|
| Art | von – an | Symbol | m² (m³) | | | | | |
| Berührung | Einbau – Gut | $F_{BE,St}$ | 6,85 | $\alpha_{BE,St}$ | 195 | 195 | 195 | 195 |
| Berührung | Mantel – Gut | $F_{BM,St}$ | 1,59 | $\alpha_{BM,St}$ | 158 | 158 | 158 | 158 |
| Konvektion | Gas – Haufen | $F_{GL,St}$ | 8,08 | $\alpha_{GL,St}$ | 6,9 | 7,5 | 8,5 | 9,4 |
| Konvektion | Gas – Wolkenkern | $F'_{GL,St}$ | 1,55 | $\alpha'_{GL,St}$ | 11,6 | 12,6 | 14,2 | 15,7 |
| Konvektion | Gas – Spritzkorn | $F''_{GL,St}$ | 1,70 | $\alpha''_{GL,St}$ | 52,2 | 57,5 | 62,1 | 66,9 |
| Gaseinschluß | Gas – Körner | $V_1$ | (1,77) | $\alpha_i^*$ | (20,5) | (16,4) | (13,7) | (12,0) |
| Strahlung | Einbau – Gut | $F_{SE,St}$ | 7,71 | $\alpha_{SE,St}$ | 2,7 | 2,9 | 3,1 | 3,4 |
| Strahlung | Mantel – Gut | $F_{SM,St}$ | 2,45 | $\alpha_{SM,St}$ | 0,6 | 0,7 | 0,7 | 0,8 |
| Gasstrahlung | Gas – Gut | $F_{SL,St}$ | 9,63 | $(\alpha_{CO_2}+\alpha_{HO_2})_{L,St}$ | 0,7 | 1,4 | 2,4 | 3,7 |
| Konvektion | Gas – Einbau | $F_{GL,E}$ | 13,35 | $\alpha_{GL,E}$ | 5,8 | 6,3 | 7,1 | 7,8 |
| Gasstrahlung | Gas – Einbau | $F_{SL,E}$ | 13,35 | $(\alpha_{CO_2}+\alpha_{H_2O})_{L,E}$ | 0,7 | 1,4 | 2,4 | 3,7 |
| Konvektion | Gas – Mantel | $F_{GL,M}$ | 3,11 | $\alpha_{GL,M}$ | 5,8 | 6,3 | 7,1 | 7,8 |
| Gasstrahlung | Gas – Mantel | $F_{SL,M}$ | 3,11 | $(\alpha_{CO_2}+\alpha_{H_2O})_{L,M}$ | 0,7 | 1,4 | 2,4 | 3,7 |
| Strahlung | Einbau – Mantel | $F_{SE,M}$ | 3,11 | $\alpha_{SE,M}$ | 3,8 | 4,1 | 4,6 | 5,4 |
| Leitung | Einbau – Mantel | $F_M$ | 4,70 | $\alpha_{\lambda E,M}$ | 2,2 | 2,2 | 2,2 | 2,2 |
| Durchgang | Mantel – Außenraum | $F_M$ | 4,70 | $k_{M,a}$ | 5,8 | 6,0 | 6,2 | 6,4 |

Das Ergebnis der Berechnungen ist in den Zahlentafeln 4 bis 6 enthalten.

e) Nach Zahlentafel 4 bleiben die Temperaturen des Einbaus und Mantels auch bei hohen Gastemperaturen verhältnismäßig niedrig, wenn das Gut die üblichen Temperaturen besitzt. Wie auch die Erfahrung lehrt, kann man daher in Trommeln, die aus den gewöhnlichen Werkstoffen bestehen, hohe Gastemperaturen zulassen, besonders in Gleichstromtrommeln, die sehr feuchtes Gut verarbeiten.

Zahlentafel 5. *Prozentualer Anteil der einzelnen übergehenden Wärmemengen an der gesamten vom Gas abgegebenen Menge in Erwärmungstrommeln.*

| Gastemperatur, angenommen. . . . °C | | 100 | 200 | 300 | 400 |
|---|---|---|---|---|---|
| Gutstemperatur, angenommen . . . °C | | 40 | 51 | 57 | 61 |
| **Wärmeübergang** | | **Anteil %** | | | |
| Art | von – an | | | | |
| Berührung | Einbau – Gut | 26,76 | 28,90 | 29,40 | 31,20 |
| Berührung | Mantel – Gut | 2,20 | 4,20 | 5,10 | 5,81 |
| Konvektion | Gas – Haufen | 19,63 | 18,59 | 18,60 | 17,73 |
| Konvektion | Gas – Wolkenkern | 6,32 | 6,02 | 6,00 | 5,70 |
| Konvektion | Gas – Spritzkorn | 31,10 | 29,90 | 28,40 | 26,10 |
| Gaseinschluß | Gas – Körner | 7,68 | 5,40 | 3,96 | 2,96 |
| Strahlung | Einbau – Gut | 0,96 | 0,77 | 0,72 | 0,78 |
| Strahlung | Mantel – Gut | 0,04 | 0,05 | 0,05 | 0,06 |
| Gasstrahlung | Gas – Gut | 2,38 | 4,23 | 6,24 | 8,35 |
| Durchgang | Mantel – Außenraum | 2,93 | 1,94 | 1,53 | 1,31 |
| Summe | | 100,00 | 100,00 | 100,00 | 100,00 |
| Konvektion | Gas – Einbau | 25,00 | 24,30 | 22,57 | 21,68 |
| Gasstrahlung | Gas – Einbau | 2,99 | 5,48 | 7,60 | 10,30 |
| Konvektion | Gas – Mantel | 4,29 | 4,95 | 4,96 | 4,77 |
| Gasstrahlung | Gas – Mantel | 0,61 | 1,13 | 1,67 | 2,41 |
| Strahlung | Einbau – Mantel | 0,15 | 0,06 | 0,03 | 0,00 |
| Leitung | Einbau – Mantel | 0,12 | 0,05 | 0,02 | 0,00 |

f) Ein kleiner Teil der vom Gas ausgehenden Wärme fließt auf dem Umweg über den Einbau und Mantel, ein größerer allein über den Einbau und der Hauptteil unmittelbar zum Gut. Zahlentafel 5 zeigt, wie stark die Teilströme sind.

g) Die Festkörperstrahlung in Trommeln erreicht nur geringe Beträge, da Gut, Einbau und Mantel im allgemeinen niedrige Temperaturen behalten. Auch die Gasstrahlung ist nicht sehr bedeutend.

h) Sehr beträchtlich ist dagegen die Wärmemenge, die schon an eine verhältnismäßig geringe Menge Spritzkorn übergeht.

i) Ebenso fällt auch die Wärmemenge, die das Gut an den Berührungsstellen mit den Trommelinnenteilen aufnimmt, sehr ins Gewicht. Sie ist bei feuchtem Gut, das die Wärme besonders gut leitet, sehr viel größer als bei trockenem.

Zahlentafel 6. *Kombinierte Wärmeübergangs- und Wärmedurchgangszahlen.*

| | | | | | |
|---|---|---|---|---|---|
| Gastemperatur, angenommen. . . . . | °C | 100 | 200 | 300 | 400 |
| Gutstemperatur, angenommen . . . | °C | 40 | 51 | 57 | 61 |
| Räumliche Wärmeübergangszahl am Gut, kcal/m³h° . . . . . . . . . | $\alpha^*$ | 156 | 180 | 205 | 239 |
| Gesamtwärmeübergangszahl an der ganzen Mantelinnenfläche, kcal/m²h° . . . . . . . . . . . | $\alpha_M$ | 1,82 | 1,41 | 1,32 | 1,32 |
| Gesamtwärmedurchgangszahl Innenraum – Außenraum, kcal/m²h° . . | $k_{L,\alpha}$ | 1,17 | 1,05 | 1,00 | 1,04 |

k) Weil das Gut die Trommelmäntel gewöhnlich recht wirksam kühlt, bleiben die an den Mänteln verlorengehenden Wärmemengen mäßig groß. Es ist daher im allgemeinen wirtschaftlich richtig, als Dämmschicht nur lufterfüllte Hohlräume und keine teueren Dämmstoffe zu wählen.

l) Die bisherigen Ergebnisse hatten zur Voraussetzung, daß den oben genannten Gastemperaturen tatsächlich die ebenfalls angeführten, aber beliebig gewählten Gutstemperaturen zugeordnet sein können. In Erwärmungstrommeln ist dieses Zusammentreffen möglich. In Trocknungstrommeln jedoch gehören zu gegebenen Gastemperaturen und Gasfeuchtigkeiten nach Gl. (43) ganz bestimmte Gutstemperaturen, sobald der überwiegende Teil der ins Gut eindringenden Wärme zum Ver-

Zahlentafel 7. *Wärmeaufnahme des Gutes an den einzelnen Oberflächen in Trocknungstrommeln, in % der Gesamtaufnahme.*

| | Berechnet für Korngröße 2 mm | | | Nach Versuch PIEPENSTOOK: Korngröße 2,5 mm, Gastemperatur 150—325° |
|---|---|---|---|---|
| Gastemperatur angenommen $\vartheta_L$ . . . . . | 200° | 400° | 400° | |
| Wasserdampfteildruck im Gas angenommen [kg/m²] $P_D$ . . . . . . . . . . . . . . | 950 | 950 | 1500 | |
| Gutstemperatur berechnet $\vartheta_{St}$ . . . . . . | 63,5° | 78° | 81,5° | |
| An den Haufenoberflächen und im Inneren | 32,5 | 31,7 | 31,6 | 46—42 |
| An den Rieselschleiern . . . . . . . . . | 35,0 | 31,7 | 31,6 | 38—34 |
| An den Berührungsflächen. . . . . . . | 32,5 | 36,6 | 36,8 | 16—24 |

dampfen der Gutsfeuchtigkeit dient. Wie sind nun die Verhältnisse hier, wenn die oben angeführten Grunddaten, außer den Temperaturen, weiterhin gelten?

Auf Zahlentafel 7 ist das Ergebnis einer dahingehenden Berechnung den Versuchsergebnissen PIEPENSTOOKS [14] gegenübergestellt. Die Rechnung zeigt, daß die Wärmemengen, die an den einzelnen Oberflächen ins Gut eindringen, nicht stark von der Gastemperatur und der Gasfeuchtigkeit abhängen.

PIEPENSTOCK kam zu seinen Ergebnissen durch Modellversuche, bei denen er glaubte, die Trocknung ebenso in 3 Teile zerlegen zu können, wie man sich die Wärmeaufnahme des Gutes in die 3 Teile zerlegt denken kann, die auf der Zahlentafel 7 genannt sind. Aber abgesehen davon, daß es zweifelhaft ist, ob sich die Trennung einwandfrei durchführen läßt, muß man vermuten, daß er die Umlagerung des Gutes nur mangelhaft der Wirklichkeit nachahmte. Auch scheint er die Bedingungen für die von ihm sog. „indirekte Trocknung", bei der Wärme nur von den Auflageflächen her ins Gut drang, ziemlich ungünstig, diejenigen für die „direkte Trocknung" dagegen günstig gewählt zu haben. Berücksichtigt man dies, so haben die Berechnungen ungefähr dasselbe Ergebnis wie die Versuche PIEPENSTOCKS. Dies darf nun weder als Beweis für die Richtigkeit der Rechnung noch für diejenige der Versuchsergebnisse angesehen werden, aber es zeigt doch, daß Rechnung und Versuch ohne Zwang in Übereinstimmung stehen. Auch das zu wissen, ist schon wertvoll. Der Beweis wäre nur ein scheinbarer, denn die Rechnung mußte, besonders was die Zahlenwerte von $k_m$ und $\sigma_{sp}$ betrifft, von Annahmen ausgehen, deren Zulässigkeit zwar einigermaßen wahrscheinlich, aber doch im Rahmen dieser Arbeit nicht nachweisbar ist.

# VI. Wirkungen des Wärme- und Stoffaustausches in Trommeln, in denen sich das Gas und das Gut unmittelbar berühren.

## A. Die Trommelleistung in Abhängigkeit von der Trommeldrehzahl und der Trommelfüllung.

Nachdem in den letzten Abschnitten die bei der Wärme- und Stoffübertragung in Trommeln maßgebenden Vorgänge eingehend geschildert wurden, soll nun gezeigt werden, wie die übergehenden Mengen von gewissen Betriebsdaten der Trommel abhängen, und wie der Zustand des Gases und Gutes verläuft, wenn die Übertragungsvorgänge in Gang gesetzt sind.

Zunächst sei dargelegt, in welcher Weise die *Trommeldrehzahl* auf die Trommelleistung einwirkt.

Im Abschnitt V A wurde erwähnt, daß die von den Trommeleinbauten abstürzenden Gutskörner als Spritzkorn und als geschlossener Wolkenkern in Erscheinung treten. Wie stark das Gut beim Sturz in Einzelkörner aufgelöst wird, hängt wahrscheinlich zum Teil von der Trommeldrehzahl ab. Je mehr das Gut zerteilt wird, desto größer ist jedenfalls die Wärmeübergangsfläche und die Wärmeübergangszahl. Leider fehlen aber zuverlässige Beobachtungen darüber, wie die Gutszerteilung mit der Trommeldrehzahl wechselt.

Die Wärmeübergangszahl $\alpha_B$ für die von den Trommelinnenteilen ins Gut einströmende Wärmemenge wächst gemäß Gl. (37) mit steigender Drehzahl. Gleichzeitig geht der Temperaturunterschied zwischen den Teilen und dem Gut zurück, wie sich leicht einsehen läßt. Rechnerisch findet man, daß die an den Berührungsstellen ins Gut gelangende Wärmemenge mit steigender Drehzahl anfänglich schnell, später langsam zunimmt.

Gl. (39) zeigt, daß auch die in den Kornzwischenräumen ans Gut übergehende Wärmemenge mit zunehmender Drehzahl größer wird.

Um zu sehen, welche Wirkung die Drehzahl hat, machte PIEPENSTOCK Versuche mit Graupen und Braunkohle. Er fand sowohl bei der Trocknung, die er die direkte nannte (Wärmezufuhr zum Gut nur an den freien Haufenoberflächen), als auch bei der, die er die indirekte hieß (Wärmezufuhr nur an den Auflageflächen), daß die verdunstende Wassermenge rasch größer wird, wenn die Drehzahl 2 U/min übersteigt. Hinsichtlich der indirekten Trocknung kann der ermittelte Zusammenhang nicht ganz wirklichkeitsgetreu sein, weil PIEPENSTOCK die Temperatur der Auflageflächen bei allen Drehzahlen ungefähr gleich hielt. Er hat nur festgestellt, wie die „Wärmeübergangszahl", nicht wie die übergehende Wärmemenge oder die ihr entsprechende Wassermenge von der Drehzahl abhängen, und sein Ergebnis stimmt daher (ungefähr) auch nur mit der Erkenntnis überein, die uns Gl. (37) vermittelt.

Über den Versuch hinaus lehrt die Theorie, daß der Gesamteinfluß der Drehzahl nicht in allen Fällen gleich sein kann, sondern von fast all den Faktoren abhängt, die den Wärmeübergang ins Gut bestimmen.

Nimmt *die Füllung* einer Trommel bei gleicher Drehzahl ab, dann beobachten wir folgende Änderungen:

Die Fläche, an der das Gut im zeitlichen Durchschnitt die Trommelinnenteile berührt, wird kleiner und konvergiert gegen Null [Gl. (15), (18), (24), (25)]. Dagegen behält die Wärmeübergangszahl an den Berührungsflächen annähernd ihren Wert [Gl. (37)]. Gleichzeitig wächst der Temperaturunterschied zwischen dem Gut und den Trommelinnenteilen bis zu einem Höchstbetrag, weil die Flächen, an denen diese Teile Wärme aufnehmen, größer werden. Alle diese Änderungen zusammen bewirken, daß die Wärmemenge, die an den Berührungsstellen ins Gut eindringt, „allmählich" zurückgeht.

Auch die freien Oberflächen der Gutshaufen [Gl. (16), (19), (22), (23)] und die Wärmemengen, die an diesen Flächen ins Gut gelangen, nehmen immer mehr ab.

Der zum abrieselnden Gut fließende Wärmestrom wird schwächer, weil das Gut länger auf den Einbauten verbleibt und daher die Abrieseldauer kürzer wird [Gl. (17), (20), (21), (22)].

Die in den Kornzwischenräumen zum Gut gelangende Wärmemenge nimmt nach Gl. (39) ebenfalls ab.

Die Änderungen sind je nach der inneren Gestalt (Größen $h'$ und $a'$) sowie der Drehzahl der Trommeln usw. verschieden. Eine Überschlagsrechnung ergibt, daß bei den im Abschnitt V F skizzierten Verhältnissen die Gesamtwärmeübergangszahl $\alpha^*$ bei 200° Gastemperatur ungefähr wie folgt wechselt:

| | | | | |
|---|---|---|---|---|
| Füllungsgrad $\tau$ . . . . . . . . . . . . . . . . | 0,08 | 0,12 | 0,16 | 0,20 |
| Gesamtwärmeübergangszahl $\alpha^*$ . . . kcal/m³h° | 110 | 135 | 155 | 180 |

## B. Die Änderung der Oberflächentemperatur des Gutes beim Umschütten und ihr Einfluß auf die Trommelleistung und Betriebssicherheit.

Sieht man vom Abschnitt V B 1 ab, so lag den bisherigen Ausführungen stets die Annahme zugrunde, das in einem bestimmten Trommelquerschnitt befindliche Gut habe einheitliche Temperatur. In Wirklichkeit ist das nicht zu jeder Zeit der Fall. Einigermaßen gleichmäßige Temperatur kann nur zu dem Zeitpunkt vorhanden sein, an dem das Gut gerade abgeschüttet und dabei gemischt wurde. Sobald das Gut wieder auf den Einbauten ruht, wird es sowohl von dort als von der Oberfläche her erwärmt, und es bilden sich Temperaturunterschiede aus. Die Unterschiede werden stärker, wenn die Körner abrieseln. Der Wolkenkern ändert seine Temperatur nur verhältnismäßig wenig, das Spritzkorn aber unter Umständen sehr stark. Eine Überschlagsrechnung zeigt, daß *trockene* Einzelkörner von anfänglich 20° während der Fallzeiten, die sich nach Abschnitt VII B berechnen lassen, in Luft von 200° an der Oberfläche auf 36° erwärmt werden, wenn sie 1 mm $\varnothing$ haben, auf 193°, wenn sie 0,1 mm $\varnothing$ besitzen, und sogar auf 200°, wenn ihr Durchmesser 0,01 mm beträgt. (Die Gasgeschwindigkeit ist dabei zu 2 m/s, die Wärmeleitzahl des Gutes zu 0,4 kcal/mh° und die Temperaturleitzahl zu 0,0008 m²/h angenommen.) Würde sich sehr feinkörniges *trockenes* Gut beim Abrieseln vollkommen in Einzelkörner auflösen, so würde es also schon beim einmaligen Sturz praktisch die Gastemperatur annehmen. Weil so rasche Erwärmungen aber praktisch niemals vorkommen, erkennen wir, daß jeweils nur ein kleiner Teil des stürzenden Gutes als Spritzkorn in Erscheinung tritt. Wir sehen gleichzeitig, daß unsere bisherigen Annahmen nur richtig sind, sofern wir sie auf grobkörnige Güter beschränken.

Der erwähnte Temperaturanstieg einzelner kleiner Körner kann bei temperaturempfindlichen Stoffen unter Umständen Schaden bewirken.

Andererseits geht der Hauptvorteil, den die Erwärmungstrommeln gegenüber anderen Apparaten bieten, nämlich die starke Wärmeaufnahme des Gutes beim Abrieseln, bei grobkörnigen Gütern verloren.

Gut, dessen Körner an der Oberfläche bereits ausgetrocknet sind, verhält sich bezüglich der Temperaturänderungen ähnlich wie trockenes Gut, von dem vorhin die Rede war.

Bei *feuchtem* Gut, das von den Einbauten abstürzt, haben die Körner kaum Gelegenheit, Wärme von anderswoher als aus dem vorbeistreichenden Gas zu nehmen. Die Wärmezustrahlung der Trommeleinbauten und des Mantels ist nach Abschnitt V F meistens gering. Daher ändert sich die Oberflächentemperatur fallender Körner — ähnlich wie die eines befeuchteten Thermometers — in Richtung auf die allein vom Gaszustand abhängige Kühlgrenze. Liegt die Oberflächentemperatur, wie oft zu Beginn der Trocknung, vor dem Sturz niedriger als die Kühlgrenze, so werden die Körner erwärmt, liegt sie höher, wie häufig am Ende der Trocknung, so werden sie vom heißen Gasstrom gekühlt. Dabei verlieren sie also von der Temperatur, die sie zuvor im Haufeninneren annahmen, denn dort wurden sie ja von den Einbauten her erwärmt, ohne daß sie gleichzeitig Feuchtigkeit abgeben konnten. Die Temperaturänderungen bleiben aber selbst bei feinkörnigem Gut in der Regel beschränkt. Bei 200° Gastemperatur und einem Wasserdampfteildruck im Gas von 950 kg/m² schwankt die Oberflächentemperatur einzelner Körner, wenn die im Abschnitt V F erwähnten Voraussetzungen erfüllt sind, „höchstens" zwischen der Einbautemperatur von 73° und der Kühlgrenztemperatur des Gutes von 57°. Die meisten Körner, besonders dann, wenn sie grob sind, ändern die Temperatur jedoch wesentlich weniger. Die durchschnittliche Temperatur wurde im Abschnitt V F zu 63,5° gefunden.

Die Temperaturänderung beim Sturz bewirkt am Anfang der Trommel eine Steigerung, am Ende eine Minderung der spezifischen Feuchtigkeitsverdampfung. Eine Gefahr, daß die Körner beim Abrieseln unzulässig erwärmt werden, besteht in Trocknungstrommeln selten, solange das Gut an der Oberfläche genügend feucht ist.

## C. Betrachtungen über den Verlauf der Gas- und Gutstemperatur längs der Achse von Trommeln.

Der Temperaturverlauf der durch *Erwärmungstrommeln* wandernden Stoffe läßt sich meistens verhältnismäßig einfach bestimmen. Erwärmungstrommeln sind ja nichts anderes als eine besondere Art von Wärmeaustauschern. Wenn an den Wandungen solcher Trommeln nur wenig Wärme verlorengeht, so kann der Temperaturverlauf der durchlaufenden Stoffe nach den bekannten Formeln für verlustlose Wärmeaustauscher berechnet werden [*15*, *16*]. Sind die Wandungsverluste merklich, so läßt sich der Temperaturverlauf gleichfalls bestimmen, jedoch sei hier nicht näher darauf eingegangen.

Viel verwickelter sind die Verhältnisse in *Trocknungstrommeln*. Im folgenden ist angenommen, daß es sich um die Trocknung so grobkörnigen Gutes handelt, daß die Temperaturschwankungen während des Umschüttens gering sind und daß der Dampfdruck an der Oberfläche stets gleich dem Sättigungsdruck der reinen Feuchtigkeit ist.

In 1 m³ des Leervolumens der Trommel gehe je °C Temperaturunterschied zwischen dem Gas und dem Gut stündlich die Wärmemenge $\alpha^*$ ans Gut über, und zwar der Betrag $\zeta \cdot \alpha^*$ durch Konvektion, der Rest in anderer Weise. Ferner verdunste in jedem m³ der Trommel an der freien Oberfläche, die das Gut darin hat, stündlich je Einheit des Dampfdruckunterschieds zwischen dem Gut und dem Gas die Feuchtigkeitsmenge $\beta^*$ [1/h]. Für das Verhältnis $\mu$, das durch Gl. (44) bekannt ist, ist dann unter Zugrundelegung der Definition des Wertes $\zeta$ (S. 48) zu schreiben:

$$\mu = \frac{\zeta \cdot \alpha^*}{\beta^*}. \tag{47}$$

Wir betrachten nun ein kurzes Stück der Trommel von der Länge $dx$. Das Gut habe dort die Feuchtigkeitszahl $\Phi_{St}$, und unmittelbar über dem Gut herrsche der Dampfteildruck $P'_D$ [kg/m²]. Im Kern des Gasstroms sei der Dampfteildruck $P_D$. Die Trommel selbst besitze den Durchmesser $d$ [m] und also die Querschnittsfläche $\pi d^2/4$. Wenn man die stündlich durch die Trommel gehende Grundstoffmenge mit $G_{St}$ [kg/h] und die Gaskonstante der verdunstenden Feuchtigkeit mit $R_D$ [m/Grad] bezeichnet, kann man dann für die in dem Trommelstück stündlich verdunstende Feuchtigkeitsmenge $G_{St} \cdot d\Phi_{St}$ die Gleichung anschreiben:

$$-G_{St} \cdot d\Phi_{St} = \frac{\pi d^2}{4} dx \frac{\beta^*}{R_D \cdot T} (P'_D - P_D),$$

woraus für das Feuchtigkeitsgefälle des Gutes längs der Trommelachse folgt:

$$\frac{d\Phi_{St}}{dx} = -\frac{\pi d^2}{4} \frac{\beta^*}{R_D \cdot T} \frac{P'_D - P_D}{G_{St}}. \tag{48}$$

Die verdunstende Feuchtigkeitsmenge gehe ins Gas über und erhöhe dort den Dampfteildruck um den Betrag $dP_D$. Am Trommelanfang bestehe die stündlich über das Gut streichende Gasmenge aus $L$ [kg/h] reinem Gas und $\Phi_{L_e} \cdot L$ [kg/h] Dampf, wobei $\Phi_{L_e}$ die anfängliche Feuchtigkeitszahl des Gases bedeutet. Das Gut habe anfänglich die Feuchtigkeitszahl $\Phi_{St_e}$ und an der betrachteten Stelle die Feuchtigkeitszahl $\Phi_{St}$, d. h. bis zu dieser Stelle verdunste die Feuchtigkeitsmenge

$$(\Phi_{St_e} - \Phi_{St}) \cdot G_{St}.$$

An der betrachteten Stelle ist dann insgesamt die Dampfmenge

$$D = \Phi_{L_e} \cdot L + (\Phi_{St_e} - \Phi_{St}) \cdot G_{St} \quad [\text{kg/h}] \tag{49}$$

vorhanden, und die Zunahme auf kurzem Weg beträgt $dD = - G_{St} \cdot d\Phi_{St}$ [kg/h] oder $- G_{St} \cdot d\Phi_{St}/\gamma_D$ [Nm³/h], wenn $\gamma_D$ das Normkubikmetergewicht des Dampfes bedeutet, der hier als ideales Gas betrachtet sei. Nach dem DALTONschen Gesetz verhalten sich nun die Teildrücke der einzelnen Gase einer Mischung wie ihre Raumteile. Folglich erhalten wir in unserem Fall, wenn $P_0$ den Gesamtdruck des Gas-Dampf-Gemisches, $P_0 - P_D$ den Teildruck und $\gamma_L$ das Normkubikmetergewicht des reinen Gases bezeichnet:

$$\frac{dP_D}{P_0 - P_D} = - \frac{\gamma_L}{\gamma_D} \frac{G_{St} \cdot d\Phi_{St}}{L},$$

so daß man mittels Gl. (48) für die Zunahme des Dampfteildrucks im Gas je Längeneinheit der Trommel die Gleichung erhält:

$$\frac{dP_D}{dx} = \frac{\pi d^2}{4} \frac{\beta^*}{R_D \cdot T} \frac{\gamma_L}{\gamma_D} (P_0 - P_D) \frac{P'_D - P_D}{L} = \frac{\pi d^2}{4} \frac{\beta^*}{R_L \cdot T} (P_0 - P_D) \frac{P'_D - P_D}{L}. \quad (50)$$

Während das Gas durch das betrachtete Trommelstück streicht, sinkt seine Temperatur um den Betrag $d\vartheta_L^\circ$, indem es die Wärmemenge $(L \cdot c_L + D \cdot c_D) d\vartheta_L$ abgibt ($c_L$ = spez. Wärme des dampffreien Gases, $c_D$ = spez. Wärme des Dampfes) [kcal/kg°]. Davon geht der Teil $\alpha^*(\vartheta_L - \vartheta_{St}) dx \cdot \pi d^2/4$ ans Gut über, der Rest $k_{L,a} \cdot (\vartheta_L - \vartheta_a) dx \cdot \pi d$ durch die Trommelwandungen hindurch nach außen verloren. $\vartheta_L$ bedeutet die Gas-, $\vartheta_{St}$ die Gutstemperatur, $k_{L,a}$ die Wärmedurchgangszahl Gas-Außenraum und $\vartheta_a$ die Außenraumtemperatur. Für das Temperaturgefälle des Gases entlang der Trommelachse folgt so die Gleichung

$$\frac{d\vartheta_L}{dx} = - \frac{\pi d^2}{4} \alpha^* \frac{(\vartheta_L - \vartheta_{St}) + 4 k_{L,a} \cdot (\vartheta_L - \vartheta_a)/\alpha^* d}{L \cdot c_L + D \cdot c_D}. \quad (51)$$

Von der Wärmemenge, die zum Gut geht, dient ein Teil zum Verdunsten der oben genannten Feuchtigkeitsmenge und zum Erwärmen des gebildeten Dampfes auf die Temperatur $\vartheta_L$ — je kg Feuchtigkeit werden $[r + c_D (\vartheta_L - \vartheta_{St})]$ kcal verbraucht —, ein anderer Teil, nämlich die Menge $(G_{St} \cdot c_{St} + G_w \cdot c_w) \cdot d\vartheta_{St}$, steigert die Temperatur des Gutes um den Betrag $d\vartheta_{St}$. Mit $r$ ist die Verdampfungswärme der Feuchtigkeit [kcal/kg], mit $G_w = G_{St} \cdot \Phi_{St}$ die Menge und mit $c_w$ die spezifische Wärme der noch im Gut befindlichen Feuchtigkeit bezeichnet. Man erhält so für den Temperaturanstieg des Gutes längs der Trommelachse

$$\frac{d\vartheta_{St}}{dx} = \frac{\pi d^2}{4} \frac{\alpha^* \cdot (\vartheta_L - \vartheta_{St}) - \beta^* \cdot (P'_D - P_D) [r + c_D (\vartheta_L - \vartheta_{St})]/R_D T}{G_{St} \cdot c_{St} + G_w \cdot c_w}. \quad (52)$$

In den Gl. (48) bis (52) sind der Dampfdruck $P'_D$ und die Oberflächentemperatur $\vartheta_{St}$ des Gutes durch die Dampfdruckkurve der Gutsfeuchtigkeit miteinander verbunden, die wir hier formal mit der Gleichung

$$P'_D = f_D (\vartheta_{St}) \quad (53)$$

wiedergeben.

Die 5 Gl. (48), (50), (51), (52), (53) stellen die Bedingungen dar, denen die 5 Unbekannten $\vartheta_L$, $\vartheta_{St}$, $P_D$, $P_D'$ und $\Phi_{St}$ gehorchen müssen und aus denen diese Größen bestimmt werden können. Die Gleichungen lassen sich graphisch lösen.

Am Anfang einer Gleichstromtrommel (bei $x = 0$) sei der Zustand des Gases durch die bekannten Werte $\vartheta_{L_o}$, $\Phi_{L_o}$, $P_{D_o}$, der Gutszustand durch die Werte $\vartheta_{St_o}$, $\Phi_{St_o}$, $P_{D_o}'$ gegeben, d. h. es seien die Anfangspunkte der Kurven in Abb. 27 bekannt. Dann können wir aus den Gl. (48) bis (52) die Richtungen der Anfangstangenten der $\vartheta_L$-, $\vartheta_{St}$-, $P_D$- und $\Phi_{St}$-Kurven finden und auf diesen bis zu Nachbarpunkten fortschreiten. Diese Nachbarpunkte sehen wir dann als neue Anfangspunkte an, von denen aus wir wieder ein kurzes Stück weitergehen. Auf diese Weise lassen sich schrittweise die ganzen Kurven aufzeichnen.

Für die Gegenstromtrommeln ist die Berechnung umständlicher, weil hier die bekannten Anfangswerte der $\vartheta_{St}$-, $P_D$- und $\Phi_{St}$-Kurven für das vordere Ende der Trommel, die bekannten Anfangswerte der $\vartheta_L$- und $P_D$-Kurven aber für das hintere Ende gelten. Beginnt man die Berechnung mit dem vorderen Ende, so muß man die zunächst unbekannten Werte von $\vartheta_L$ und $P_D$ annehmen, damit die Kurven aufzeichnen und dann vergleichen, ob die für das hintere Ende sich ergebenden Werte von $\vartheta_L$ und $P_D$ mit den bekannten Anfangswerten übereinstimmen. Ist dies nicht der Fall, dann muß die Berechnung so oft wiederholt werden, bis Übereinstimmung herrscht.

Nachher werden uns die Gl. (48) bis (53) zum Aufsuchen von $\alpha^*$-Werten dienen. Hier seien mittels allgemeiner Überlegungen zunächst eine Reihe interessanter Tatsachen über den Verlauf der Gas- und Gutstemperatur in *Gleichstromtrommeln* dargetan.

a) Wenn die Trommel unendlich lang ist und an den Wandungen Wärme verliert, kühlt sich das Gas, das allein als Wärmespender dient, allmählich ab, während das Gut zunächst wärmer, dann auch kälter wird. Am Schluß sind alle Temperaturen gleich der Außenraumtemperatur.

Hieraus folgt, daß die Gutstemperatur irgendwo einen Höchstwert erreicht. Wo dieser Wert liegt, insbesondere ob er bei einem „endlich" langen Stück der Trommel noch innerhalb dieses Teiles liegt, hängt vornehmlich von den Wandungsverlusten ab. In einer schlecht isolierten Trommel kann die Gutstemperatur hinten durchaus niedriger liegen als weiter vorne.

b) Entgegen der Ansicht vieler Praktiker kann es in einer Trommel mit Wandungsverlusten vorkommen, daß die Gastemperatur unter die Gutstemperatur sinkt. Ist dies der Fall, dann muß $d\vartheta_L/dx$ am Kreuzungspunkt der Temperaturen stärker negativ sein als $d\vartheta_{St}/dx$. Indem man in den Gl. (51) und (52) $\vartheta_L = \vartheta_{St}$ setzt, erkennt man die Umstände, unter denen dies möglich ist.

c) Weil in einer unendlich langen Trommel sowohl das Gas als das Gut am Schluß die niedrige Außenraumtemperatur $\vartheta_a$ annehmen, muß dort jener Teil der anfänglich verdunstenden Feuchtigkeit zum Gut zurückkehren, der den Teildruck des Dampfes über den Sättigungsdruck bei der Außenraumtemperatur erhöhen würde. Ob die Kondensation noch innerhalb eines „endlich" langen Stücks der Trommel stattfindet, hängt von den Umständen ab. Man sollte Trommeln immer so betreiben, daß keine Feuchtigkeit kondensiert.

d) In einer unendlich langen Trommel, an deren Wandungen keine Wärme verlorengeht, nehmen das Gas und das Gut eine gemeinsame über der anfänglichen Gutstemperatur liegende Endtemperatur an, bei der das Gas gesättigt ist. Das Maximum der Gutstemperatur liegt hier am unendlich entfernten Ende der Trommel und höher als bei der Trommel mit Wandungsverlusten.

e) Sieht man von den Wandungsverlusten ab, so folgt aus den Gl. (48) bis (52) — wie man auch unmittelbar einsehen kann —, daß in Trommeln verschiedenen Durchmessers, aber mit kongruenten Zellenquerschnitten, für ein und dasselbe Gut der Zustandsverlauf des Gases und Gutes derselbe ist, sofern die Anfangsbedingungen, die Trommelfüllung, das Verhältnis Grundstoff- zu Gasmenge zu leerer Querschnittsfläche und die ad hoc eingeführte räumliche Wärmeübergangszahl $\alpha^*$ übereinstimmen. Man kann große Trommeln der genannten Art als eine Reihe parallel liegender kleiner ansehen.

f) Will man in verschieden großen Trommeln gleicher Art ein bestimmtes Gas und ein gegebenes Gut auf die gleichen Endwerte bringen und gleiche durchschnittliche spezifische Feuchtigkeitsverdampfung erhalten, so muß man die Trommeln gleich lang machen. Nun werden Trommeln mit großem Durchmesser aber meistens länger gemacht als solche mit kleinem Durchmesser. Dies bedeutet, daß unter sonst gleichen Bedingungen das Gas in großen Trommeln stärker abgekühlt und mit Dampf gesättigt wird als in kleinen und daß hier auch keine so hohen durchschnittlichen spezifischen Feuchtigkeitsverdampfungen erreicht werden wie dort. Daran ändert auch der Umstand wenig, daß die Gasgeschwindigkeit in großen Trommeln gewöhnlich größer ist als in kleinen. Man wird prüfen müssen — wie auch schon RAMMLER und BLASCHKE [18] sowie STILLER [24] empfohlen haben —, ob es nicht besser ist, kleine Trommeln im Verhältnis zum Durchmesser länger und große kürzer als bisher zu machen, d. h. also von dem gewohnten festen Verhältnis „Durchmesser zu Länge" abzugehen. Nicht nur die Theorie, auch die Versuche PIEPENSTOCKS [14] lassen dies zweckmäßig erscheinen.

g) Beim Trocknen verschiedener Güter erhält man in ein und derselben Trommel nur dann gleiche durchschnittliche spezifische Feuchtigkeitsverdampfung, wenn die Anfangszustände des Gases und Gutes sowie die Art der Gutsfeuchtigkeit dieselben sind und die räumlichen Wärmeübergangszahlen $\alpha^*$ zu den Wasserwerten $L \cdot c_L$ und $G_{St} \cdot c_{St}$ des Gases und Gutes im gleichen Verhältnis stehen.

## D. Ungefähre Berechnung der auf die Raumeinheit bezogenen Wärmeübergangszahl $\alpha^*$ und Stoffübergangszahl $\beta^*$ aus statistischen Daten.

Aus den Gl. (48) bis (53) läßt sich zwar, wie dargelegt wurde, graphisch der Verlauf der Trocknung in Gleichstromtrommeln bestimmen, doch haben die Gleichungen praktisch erst dann Wert, wenn die $\alpha^*$- und $\beta^*$-Werte bekannt sind. Nun haben wir aber im Abschnitt IV B 4 Werte für die durchschnittliche spezifische Wasserverdampfung $\overline{w}$ kennengelernt, die, solange das Gut an der Oberfläche nicht hygroskopisch ist und die inneren Gutseigenschaften bei der Trocknung keine Rolle spielen, mit $\beta^*$ über die Gleichung verbunden sind

$$\overline{w} = \frac{\displaystyle\int_{x=0}^{x=l} \frac{\beta^*}{R_D \cdot T} (P_D' - P_D)\, dx}{l}. \tag{54}$$

Betrachten wir darin $\beta^*$ als unabhängig von $x$, oder besser gesagt als unabhängig von den längs der Trommelachse veränderlichen Temperaturen, so ist es möglich, aus den angeschriebenen Gleichungen $\beta^*$ zu berechnen, nur ergibt sich dabei eben ein auf die ganze Trommellänge bezüglicher „Durchschnittswert" von $\beta^*$, aus dem sich mittels Gl. (47) dann auch ein ungefährer Wert von $\alpha^*$ bestimmen läßt.

Diese Berechnung wurde für einige Fälle gemacht. Dabei wurden, ausgehend von den genau oder annähernd bekannten Anfangswerten von $\vartheta_L$, $P_D$, $P_D'$, $\Phi_{St}$ und den Endwerten von $\vartheta_L$, $P_D$ und $\Phi_{St}$, die den Abb. 16 und 19 entnommen oder berechnet wurden, zunächst ganz rohe Kurven, wie in Abb. 27 gezeichnet, und dabei Beziehung (53) beachtet. Sodann wurden diese Kurven so lange verbessert, bis die Richtungen ihrer Tangenten in jedem Punkt die Gl. (48) bis (52) befriedigten und gleichzeitig der Bedingung (53) gehorchten. Dabei ergaben sich die auf Abb. 24 durch Kreise und Dreiecke gekennzeichneten Werte von $\alpha^*$ und $\beta^*$.

Zum Vergleich sind auf Abb. 24 noch die $\alpha^*$-Werte eingetragen, die im Abschnitt V F (Zahlentafel 6) allein durch Rechnung für eine Trommel mit Quadranteneinbau gefunden wurden. Man sieht, daß die Übereinstimmung recht gut ist. Allerdings muß man beachten, daß die in der Zahlentafel genannten Werte für die große Trommel erhalten wurden, deren Querschnitt auf Abb. 23 dargestellt ist, während die graphisch aus statistischen Daten bestimmten Werte für die kleine

Versuchstrommel gelten, die engen Einbau und eine vordere Zone besitzt, in der sich nur Förderschaufeln befinden (Abb. 13). Die graphisch

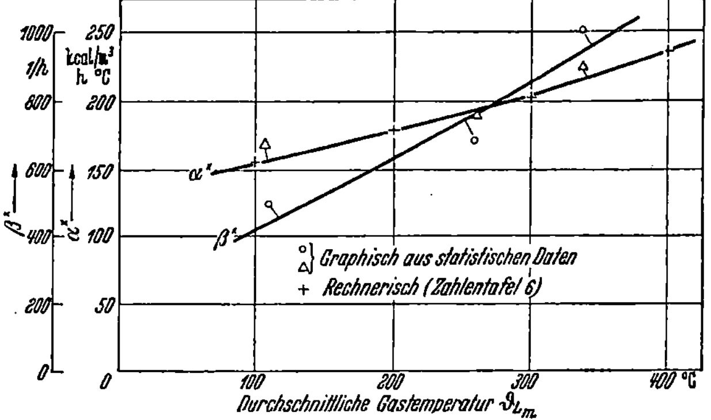


Abb. 24. Räumliche Wärmeübergangszahl $\alpha^*$ und Stoffübergangszahl $\beta^*$ für eine Trommel mit Quadranteneinbau.

bestimmten Werte sind auch „durchschnittliche", sie gelten für ganze Trommeln und für Güter der „durchschnittlichen" Korngröße, während die berechneten Werte nur für Gut von 2 mm Korndurchmesser und für einen bestimmten Trommelquerschnitt erhalten wurden.

# VII. Die Förderung des Gutes durch die Trommel.

## A. Förderung durch Spiralschaufeln und Schräglegen der Trommel.

Das Gut bewegt sich durch eine sich drehende Trommel,

a) wenn sich im Inneren spiralige Förderschaufeln befinden, die es allmählich weiterschieben,

b) wenn die Trommel geneigt liegt, so daß es der Schwerkraft folgt und langsam weiter rutscht und fällt.

Diese Wirkungen werden vom Gasstrom, der Gutsteile aufweht, mitreißt und wieder absetzt, verstärkt oder gehemmt.

Mittels Stauvorrichtungen, die sich am Trommelende befinden, kann man die Wirkungen und so die gesamte Wanderzeit des Gutes bis zu einem gewissen Grade einstellen.

Die Spiralschaufeln einer Trommel sollen die Steigung $s_{Fö}$ [m] je Gang besitzen und sich in der Trommel axial auf die Länge $l_{Fö}$ erstrecken. Dann befinden sich in der Trommel $l_{Fö}/s_{Fö}$ Gänge der Förderschaufeln, die, wenn die Trommel $n$ Umdrehungen je Minute macht, in der Zeit

$$t_{Fö} = \frac{1}{60\,n}\,\frac{l_{Fö}}{s_{Fö}} \cdot [\text{h}] \qquad (55)$$

durchlaufen werden.

Während die Trommel sich einmal dreht, lege das stürzende und rutschende Gut in den Rieselzellen der Trommel quer zur Längsrichtung durchschnittlich den Weg $s_Z$ zurück (Abb. 25). Ferner sei das Gefälle, unter dem sich das Gut vom einen zum anderen Trommelende bewegt, durch den Winkel $v_T$ ausgedrückt. $v_T$ ist gleich dem Neigungs-

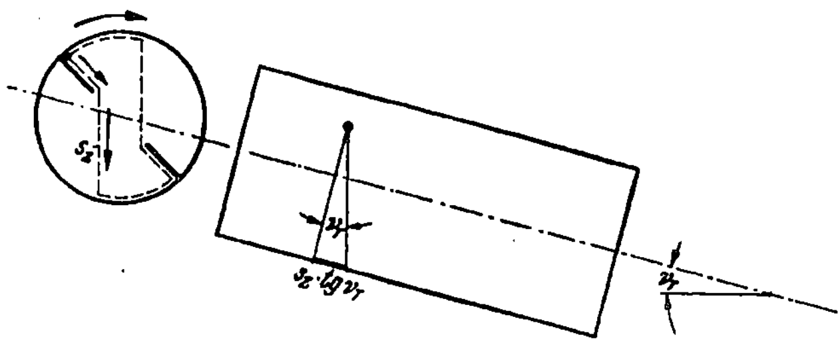

Abb. 25. Vorwärtsrutschen und Stürzen des Gutes infolge der Schräglage der Trommel (Länge des gestrichelten Weges gleich $s_Z$).

winkel der Trommel zur Horizontalen, wenn die Trommel keine Stauvorrichtung hat, andernfalls kleiner. Dann ist die Strecke, um die das Gut je Umdrehung nach vorne gelangt, durch $s_Z \cdot \mathrm{tg}\, v_T$ gegeben. Wenn sich die Trommel $n$-mal je Minute dreht, legt das Gut also stündlich den Weg

$$S_Z = 60 \cdot n \cdot s_Z \cdot \mathrm{tg}\, v_T \quad [\mathrm{m/h}] \tag{56}$$

zurück.

Dieser Rutsch- und Fallbewegung, die das Gut als Ganzes nach vorne bringt, ist eine ungeordnete Bewegung der Einzelkörner überlagert. Beim Abrutschen über die oberen Teilhaufen machen die Körner Quer- und Drehbewegungen, und beim Auftreffen auf die unteren rollen sie vor oder zurück, so daß Unterschiede in der Wanderzeit bis 30% entstehen. Nach Stillers [24, 25] Beobachtungen sind die Streuungen bei grobkörnigem Gut größer als bei feinkörnigem.

## B. Die Bewegung des Gutes im Gasstrom.

Der Weg, den die einzelnen Körner unter der Einwirkung des Gasstromes machen, hängt sehr von der Kornbeschaffenheit ab. So werden kleine Körner in der Regel weiter geschleppt als große. Nichtkugelige Körner sind während des Falles so mannigfach wechselnden Kräften ausgesetzt, daß sie auch in geordneter Gasströmung dauernd Quer- und Drehbewegungen machen. Ist die Strömung durchwirbelt, so erhalten die Körner in den Wirbelballen Impulse, die sie aus den einen Wirbelballen heraus- und in benachbarte hineinschieben, wo sie zusammenstoßen, neue Impulse bekommen und sich reiben. So trägt der

Gasstrom die Körner verschieden weit durch die Trommel, und man kann nicht mehr von einer bestimmten, sondern nur noch von einer durchschnittlichen Aufenthaltszeit sprechen.

Weil das Gas oft ungleichmäßig durch die Trommel strömt, werden nicht nur fallende Körner, sondern gelegentlich auch solche, die auf den Einbauten ruhen, mitgerissen. Andererseits verhindern schwebende Körner, die sich im Gasstrom vorne befinden, daß die hinteren Körner ebenso stark vom Gasstrom erfaßt werden. Da die Gasmenge beim Strömen durch Trocknungstrommeln größer wird und das Gut sein Gewicht und in vielen Fällen seine Kornzusammensetzung ändert, entstehen weitere Verwicklungen. Eine genaue Berechnung der Schleppwirkung des Gasstroms ist daher nicht möglich. Wenn wir in den nächsten Abschnitten doch ungefähre Anhaltspunkte gewinnen wollen, müssen wir uns auf einfachste Annahmen stützen. Zunächst müssen wir die anfängliche Fallgeschwindigkeit der Körner suchen.

Ein Gutshaufen (Abb. 22) habe in dem Augenblick, wo das erste Korn abrieselt, den dreieckigen Querschnitt $ABC$. Dreht man den Einbau von da an um den Winkel $\gamma_H$ weiter, so behält die freie Oberfläche $AC$ des Haufens, weil der Schüttwinkel des Gutes überschritten ist, ihre räumliche Lage, bis der Haufen ganz verschwunden ist.

Die zu einem beliebigen Zeitpunkt und Zeitelement abstürzende, sehr dünn gedachte Gutsschicht sei durch Dreieck $AC'C''$ dargestellt. Könnten die anfänglich bei $C'$ befindlichen Gutsteile ungehindert abrollen, so würden sie auf dem Weg bis $A$ eine verhältnismäßig große Geschwindigkeit erreichen, während die bei $A$ befindlichen noch ruhen. In Wirklichkeit stoßen die Teile mehr oder weniger elastisch zusammen, so daß sich die Geschwindigkeiten bis zum Punkt $A$ teilweise ausgleichen. Wir wollen als anfängliche Fallgeschwindigkeit bei $A$ diejenige Geschwindigkeit ansehen, die wir beobachten würden, wenn der Ausgleich vollständig vor sich ginge.

Ein kleines bei $G$ befindliches Teilchen der abstürzenden Schicht habe von $A$ die Entfernung $x$, seine Dicke sei $x \cdot d\gamma_g$, seine Höhe $dx$, seine Breite 1 (in Trommellängsrichtung) und also seine Masse

$$x \cdot d\gamma_g \cdot dx \cdot 1 \cdot \varrho_m,$$

worin $\varrho_m$ die Dichte der Schicht bedeutet. Dann hat das Teilchen nach dem Abstürzen bis zum Punkt $A$ die Bewegungsgröße

$$x \cdot d\gamma_g \cdot dx \cdot \varrho_m \cdot \sqrt{2g \cdot \varepsilon_H \cdot x} \cdot \sin\gamma_s,$$

wobei vorausgesetzt ist, daß die Teilchen infolge gegenseitiger Reibung nur eine wirksame Fallhöhe erreichen, die das $\varepsilon_H$-fache der theoretischen ist.

Durch Integrieren zwischen $x = 0$ und $x = l_H$ erhält man daraus
die gesamte Bewegungsgröße der Schicht $AC'C''$ beim Punkt $A$:

$$\tfrac{2}{5} l_H^2 \cdot d\gamma_g \cdot \varrho_m \cdot \sqrt{2\,g \cdot \varepsilon_H \cdot l_H} \cdot \sin\gamma_s .$$

Wenn $v_a$ die durchschnittliche Geschwindigkeit der stürzenden Teile
bei $A$ bedeutet, so ist diese Bewegungsgröße andererseits gegeben durch

$$\frac{l_H \cdot d\gamma_g \cdot l_H}{2}\, \varrho_m \cdot v_a .$$

Folglich bekommt man

$$v_a = \tfrac{4}{5} \sqrt{2\,g \cdot \varepsilon_H \cdot l_H \cdot \sin\gamma_s} .$$

Ersetzt man darin das veränderliche $l_H$ durch seinen zeitlichen Mittelwert, so erhält man schließlich angenähert als Durchschnittswert von $v_a$:

$$v_a = \frac{4}{5} \sqrt{\frac{2g \cdot \varepsilon_H \cdot h' \cdot \sin\gamma_s \cdot \ln \operatorname{tg}\left(\dfrac{\pi}{4} + \dfrac{\gamma_g}{2}\right)}{\gamma_g}} . \tag{57}$$

Wir wollen nun ungefähr feststellen, wie sich ein Korn bewegt,
nachdem es die Absturzkante $A$ verlassen hat und im Gasstrom schwebt.
Dabei sei angenommen, es handle sich um ein Korn, das beim Fallen
von Nachbarkörnern nicht behindert wird, das Kugelgestalt besitzt
und sich in einem wirbelfreien Strömungsgebiet bewege.

Während das Korn fällt, ist es zwei Kräften ausgesetzt, nämlich der
Schwerkraft, die es nach unten zieht, und dem der Relativbewegung
zwischen Korn und Gasstrom entsprechenden Widerstand. Der Widerstand $K_r$ [kg] ist je nach der REYNOLDSschen Kennzahl entweder nach
der NEWTONschen Formel

$$K_r = c_w \cdot F_K \cdot \frac{\gamma_L}{2g}\, v_r^2 ,$$

$c_w$ = Widerstandsbeiwert,
$F_K$ = der Bewegungsrichtung entgegengesetzte Ansichtsfläche des Korns [m²],
$\gamma_L$ = Wichte des Gases [kg/m³],
$v_r$ = Geschwindigkeitsunterschied zwischen Gas und Korn [m/s],
$g$ = Erdbeschleunigung [m/s²],

zu berechnen oder, wenn man von Übergangsgebieten absieht, nach
derjenigen von STOKES, die lautet

$$K_r = 6\,\pi \cdot \eta_L \cdot r \cdot v_r ,$$

$\eta_L$ = Zähigkeit des Gases [kgs/m²],
$r$ = Kornradius [m].

Wir setzen voraus, der Gasstrom bewege sich genau horizontal.
Dann hat der Widerstand in senkrechter Richtung die Komponente
(Abb. 26):

$$K_y = K_r \cdot \sin\alpha = K_r \frac{v_y}{v_r} = K_r \frac{v}{\sqrt{(v_L - v_x)^2 + v_y^2}}$$

und in waagerechter Richtung die Komponente

$$K_x = K_r \cdot \cos\alpha = K_r \frac{v_L - v_x}{v_r} = K_r \frac{v_L - v_x}{\sqrt{(v_L - v_x)^2 + v_y^2}}.$$

Ist die NEWTONsche Formel gültig und bezeichnet man mit $G_K$ [kg] das Gewicht des Teilchens, so kann man danach den wirkenden Kräften folgende Beschleunigungen $b_y$ und $b_x$ des Korns zuschreiben:

senkrecht     $$b_y = g - \frac{c_w \cdot F_K \cdot \gamma_L}{2g} \frac{g}{G_K} v_y \cdot \sqrt{(v_L - v_x)^2 + v_y^2},$$

waagerecht     $$b_x = \frac{c_w \cdot F_K \cdot \gamma_L}{2g} \frac{g}{G_K} (v_L - v_x) \sqrt{(v_L - v_x)^2 + v_y^2}.$$

Die Lösung dieser Gleichungen ist eine der Hauptaufgaben der äußeren Ballistik, sie führt zu sehr verwickelten Rechnungen. Verhältnismäßig einfache Lösungen ergeben sich nur, wenn man in der Gleichung für $b_y$ den Ausdruck $(v_L - v_x) = 0$ und in der Gleichung für $b_x$ den

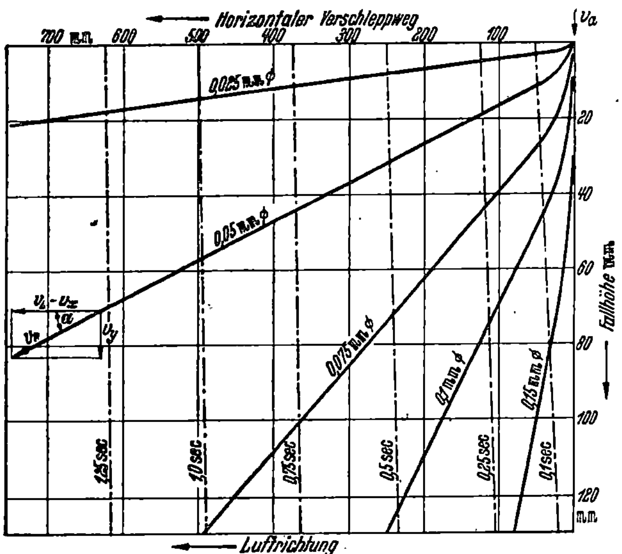


Abb. 26. Bahnen von Körnern mit der Wichte 1000 kg/m³ beim Fallen in einen waagerechten Luftstrom von 0,5 m/s Geschwindigkeit und 200° C.

Ausdruck $v_y = 0$ setzt. Aber diese Vereinfachungen sind derart, daß sie die Brauchbarkeit der Lösungen in Frage stellen. Nun sind aber die REYNOLDSschen Zahlen bei den in Trommeln auftretenden Korngrößen und Relativgeschwindigkeiten zwischen Gas und Korn so niedrig, daß ohnehin meistens nicht die NEWTONsche, sondern sehr häufig die STOKESsche Widerstandsformel gilt.

Wir nehmen daher diese STOKESsche Formel hier allein als gültig an und erhalten dann für die Komponenten der Beschleunigung:

$$\text{senkrecht} \quad b_y = g - 6\pi\,\eta_L\,r\,\frac{g}{G_K}\,v_y\,, \tag{58}$$

$$\text{waagerecht} \quad b_x = 6\pi\,\eta_L\,r\,\frac{g}{G_K}\,(v_L - v_x)\,. \tag{59}$$

Setzt man darin

$$6\pi\,\eta_L\,r\,\frac{g}{G_K} = \delta\,, \tag{60}$$

so erhält man nach Integrieren die Geschwindigkeitskomponenten des Korns zur Zeit $t$ (vom Beginn des Fallens an gerechnet):

$$v_y = \frac{g - (g - \delta \cdot v_a)\,e^{-\delta t}}{\delta} \quad [\text{m/s}], \tag{61}$$

$$v_x = v_L\,(1 - e^{-\delta t}) \quad [\text{m/s}]. \tag{62}$$

Bei kleinen Körnern wird der Ausdruck $e^{-\delta t}$ sehr rasch annähernd Null. Das Korn nimmt dann in horizontaler Richtung bald die Gasgeschwindigkeit $v_L$ und in senkrechter Richtung die gleichbleibende Sinkgeschwindigkeit $g/\delta$ an.

Nach Integrieren der Gl. (61) und (62) ergeben sich die Wegkomponenten des Korns

$$y = \frac{g}{\delta}\,t - \frac{g - \delta \cdot v_a}{\delta^2}\,(1 - e^{-\delta t}) \quad [\text{m}]\,, \tag{63}$$

$$x = v_L\left[t - \frac{1}{\delta}\,(1 - e^{-\delta t})\right] \quad [\text{m}]. \tag{64}$$

Auf Abb. 26 sind einige so berechnete Kornbahnen dargestellt, die unter der Annahme gefunden wurden, daß das Korn beim Punkt 0 mit der anfänglichen senkrechten Geschwindigkeit $v_a = 1{,}3\ \text{m/s}$ in den horizontal sich von links nach rechts mit der Geschwindigkeit $v_L = 0{,}5\ \text{m/s}$ bewegenden Gasstrom hineinfalle. Die Wichte des Korns ist zu $1000\ \text{kg/m}^3$ und die Zähigkeit des Gases zu $2{,}74 \cdot 10^{-6}\ \text{kg s/m}^2$ entsprechend ca. 200° Temperatur vorausgesetzt.

Die Gl. (64) lehrt, daß die horizontalen Verschleppwege $x$ des Korns der Gasgeschwindigkeit verhältnisgleich sind.

Nachdem wir die einzelnen Arten der Gutsförderung betrachtet haben, können wir nun die gesamte Förderzeit des Gutes bestimmen. Dabei nehmen wir an, daß der Gasstrom nur das eigentliche Spritzkorn erfasse und gemäß den soeben abgeleiteten Gleichungen weitertrage. Die Menge dieses Spritzkorns sei das $\sigma_K$-fache der gesamten Gutsmenge, und also werde die Gesamtmenge des Gutes bei jedem Abrieseln „im Durchschnitt" auch nur um die Strecke $\sigma_K \cdot s_L$ vom Gasstrom weitergetragen ($\sigma_K < 1$). Dabei sei $s_L$ der sich aus Gl. (64) ergebende

horizontale Verschleppweg des Spritzkorns, der zur gegebenen Fallhöhe des Korns gehört. Die gesamte Förderzeit des Gutes ergibt sich
dann, wenn $l_{ri}$ die Länge des Rieseleinbaus und $a'$ die Zahl der Abrieselungen des Gutes je Umdrehung in diesem Einbau bedeuten, in
Gleichstromtrommeln zu

$$t_{St} = \frac{1}{60\,n} \left( \frac{l_{F\delta}}{s_{F\delta}} + \frac{l_{ri}}{s_Z \cdot \mathrm{tg}\,\nu_T + a' \cdot s_L \cdot \sigma_K} \right) \quad [\mathrm{h}], \qquad (65)$$

in Gegenstromtrommeln zu

$$t_{St} = \frac{1}{60\,n} \left( \frac{l_{F\delta}}{s_{F\delta}} + \frac{l_{ri}}{s_Z \cdot \mathrm{tg}\,\nu_T - a' \cdot s_L \cdot \sigma_K} \right) \quad [\mathrm{h}]. \qquad (66)$$

Dieses $t_{St}$ ist in ausgeführten Anlagen identisch mit der wirklichen Er-
wärmungs- oder Trocknungszeit des Gutes.

## VIII. Gleich- oder Gegenstromverfahren in Trommeln, in denen sich Gas und Gut unmittelbar berühren.

Es sei nun im Lichte der gewonnenen Erkenntnisse die Frage er-
örtert, welches vorteilhafter ist, das Gleich- oder das Gegenstromverfahren.

Wie im Schrifttum an zahlreichen Stellen [*15, 16*] gezeigt ist, laufen
*reine Erwärmungsvorgänge* im Gegenstromverfahren wärmewirtschaft-
lich günstiger ab als im Gleichstromverfahren. Auch kommen Gegen-
stromanlagen für die gleiche Aufwärmung des Gutes mit weniger und
nicht so heißem Wärmebringer aus. Die Unterschiede in der Förderwirkung des Gasstroms werden nachher besprochen.

Schwieriger ist die Antwort bei *Trocknungsvorgängen*. Auf den
Abb. 27 und 28 ist der Zustandsverlauf des Gases und Gutes entlang
der Trommelachse schematisch dargestellt. Dabei ist angenommen, daß
der Anfangszustand des Gases und Gutes beim Gleichstromverfahren
derselbe wie beim Gegenstromverfahren sei.

Bei der *Gleichstromtrocknung* trifft das heiße trockene Frischgas
gleich am Trommelanfang auf das feuchte kalte Gut. Hier herrscht
zwischen Gas und Gut ein großer Temperaturunterschied, weshalb die
Gutstemperatur $\vartheta_{St}$ schnell zunimmt. Mit der Gutstemperatur, doch erheblich schneller, steigt auch der Sattdampfdruck $P_D'$ der aus dem Gut
verdunstenden Feuchtigkeit, so daß der Unterschied gegenüber dem
Dampfdruck $P_D$ im Gas, der als treibende Kraft der Verdunstung wirkt,
rasch größer wird und bald eine sehr lebhafte Verdunstung herbeiführt.
Von da an steigt die Gutstemperatur kaum noch, ja sie sinkt unter
Umständen sogar, bis die Vorgänge im Gutsinneren maßgebend werden.
Manchmal geht die Temperatur dann wieder hoch (auf der Abbildung

nicht gezeichnet), jedoch nur mäßig, da die Gase schon stark abgekühlt sind. Infolge der lebhaften Verdunstung bald nach Beginn gelangt rasch eine größere Menge Dampf in das Gas, der Dampfteildruck dort steigt und bremst die Verdunstung allmählich ab, so daß sie am Schluß sehr geschwächt ist.

Ganz anders bei der *Gegenstromtrocknung*. Hier trifft das kalte Gut am Anfang seines Weges auf Gase, die abgekühlt und gelegentlich so

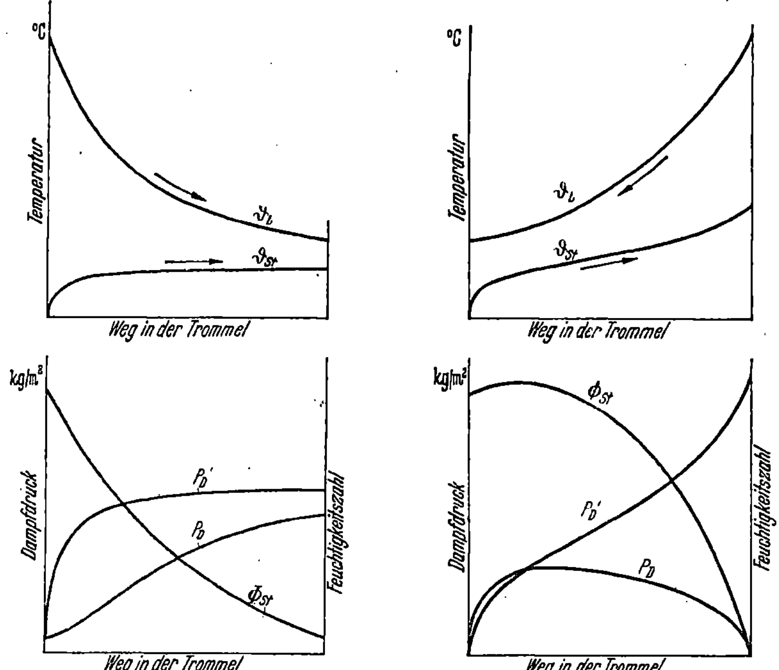

<table>
<tr><td>

Abb. 27. Zustandsverlauf des Gases und Gutes bei der Gleichstromtrocknung (schematisch). $\vartheta_L$ = Gastemperatur, $\vartheta_{St}$ = Gutstemperatur, $\Phi_{St}$ = Feuchtigkeitszahl des Gutes.

</td><td>

Abb. 28. Zustandsverlauf des Gases und Gutes bei der Gegenstromtrocknung (schematisch). $\vartheta_L$ = Gastemperatur, $\vartheta_{St}$ = Gutstemperatur, $\Phi_{St}$ = Feuchtigkeitszahl des Gutes.

</td></tr>
</table>

feucht sind, daß ihr Dampfanteil einen höheren Druck $P_D$ hat als der Sattdampf über der Gutsfeuchtigkeit. Dann verdunstet zunächst keine Feuchtigkeit, sondern es kondensiert Dampf aus dem Gas. Dabei steigt aber die Gutstemperatur schnell an, mit ihr der Dampfdruck über der Gutsfeuchtigkeit, und nach einem gewissen Weg erreicht das Gut den Zustand, daß es die vorhin kondensierte und noch andere Feuchtigkeit ins Gas schicken kann. Auf dem Weiterweg bleiben die Temperatur- und Dampfdruckunterschiede zwischen Gas und Gut zunächst gering, daher auch die verdunstende Feuchtigkeitsmenge. Am Ende der Trommel aber bewegt sich das Gut an Gas vorbei, das hohe Temperatur und wenig Feuchtigkeit besitzt, so daß jetzt, falls das Gut noch genügend Feuchtigkeit hat, lebhafte Trocknung, andernfalls starke Aufwärmung des Gutes stattfindet.

Außer der thermischen ist auch die Förderwirkung des Gasstroms bei den beiden Verfahren verschieden. Beim Gleichstromverfahren trägt der Gasstrom jedesmal, wenn sie von den Einbauten herabstürzen, zahlreiche feine Gutskörner ein Stückchen zum Trommelende hin, und zwar um so weiter, je feiner sie sind. Die feinen Teile, die schnell austrocknen, bleiben daher kürzer in der Trommel als die anderen, die langsamer trocknen. So wird ein ziemlich gleichmäßig getrocknetes Endprodukt gewonnen. Beim Gegenstromverfahren dagegen weht der Gasstrom die feinen Teile der Wanderrichtung der übrigen entgegen, ja manchmal zum Gutseintritt zurück. Hier halten sich die Teile, die an sich schnell trocknen, länger in der Trommel auf als die anderen, die langsam trocknen, und es entstehen große Feuchtigkeitsunterschiede zwischen den Kornklassen. Daneben ändert sich der Anteil der Kornklassen am Gesamtgut, wenn der Gasstrom viel Feinkorn aus dem Trockner hinausschleppt.

Oft kann man nicht erreichen, daß das Feuchtgut ganz stetig in den Trockner fließt, es gibt kurze Zeiträume, wo zuviel, andere, wo zu wenig eintritt. Wenn die Schwankungen nicht zu groß sind, wirkt sich dies in einer Gleichstromtrommel kaum nachteilig aus, denn hier verdunstet die meiste Feuchtigkeit im vorderen Teil, und Überschußgut kann weiter hinten nachtrocknen. In Gegenstromtrommeln, wo die größte Entzugskraft am Gutsaustritt wirkt, fehlt die Möglichkeit zum Ausgleich, hier wechselt der Zustand des Endprodukts stark mit der Aufgabemenge.

Ähnlich wie die Schwankungen in der Aufgabemenge wirken sich die im Abschnitt VII A erwähnten zufälligen Unterschiede zwischen den Durchlaufzeiten einzelner Körner bei der Gegenstromtrocknung nachteilig aus.

Man wird also im Gleichstrom trocknen, wenn:

das Gut im feuchten Zustand kräftigen Feuchtigkeitsentzug besser verträgt als im trockenen,

das Gut im trockenen Zustand gegen hohe Temperatur empfindlich ist,

das Gut nicht sehr hygroskopisch ist und nicht sehr stark ausgetrocknet zu werden braucht, insbesondere dann, wenn es anfänglich viel Feuchtigkeit besitzt,

unbedingt vermieden werden muß, daß Feuchtigkeit auf dem Frischgut kondensiert und es nachteilig ändert,

die Feuchtigkeit und Temperatur der groben Gutsteile sich am Ende nur mäßig von derjenigen der feinen unterscheiden darf;

Wert darauf gelegt wird, daß die feinen Teile im Gut verbleiben,
das Gut nicht ganz stetig in den Trockner gebracht werden kann
und Schaden leidet, wenn es zeitweise überhitzt oder übertrocknet
wird.

Dagegen wird man das Gegenstromverfahren vorziehen, wenn:
das Gut am Anfang nur schwachen, am Ende aber lebhaften Feuchtigkeitsentzug verträgt,

das Gut am Ende verhältnismäßig hohe Temperatur annehmen soll,

das Gut sehr hygroskopisch ist oder Kristallwasser enthält, das erst
bei höheren Temperaturen entweicht, insbesondere wenn das Gut sehr
scharf ausgetrocknet werden muß.

Um das Gegenstromverfahren anwenden zu können, ist aber jedenfalls Voraussetzung, daß das Gut nicht allzu feinkörnig ist und nicht
dadurch minderwertig wird, daß die feinen Teile überhitzt und übertrocknet oder vom Luftstrom „ausgesichtet" werden.

In Gegenstromtrommeln kann unter sonst gleichen Bedingungen
in der Regel nicht soviel Feuchtigkeit verdunstet werden wie in
Gleichstromtrommeln, weil der Enddruck des Dampfes im Gas niedrig
bleiben muß, falls Feuchtigkeitsniederschlag auf das kalte Gut vermieden bleiben soll.

# IX. Die wärmebringenden Gase.

Wie aus Abschnitt IV A hervorgeht, arbeitet eine Trommel um so
wirtschaftlicher, je höher die Temperatur ist, mit der das die Wärme
bringende Gas in die Trommel eintritt. Hohe Gastemperaturen erreicht
man leicht bei Verbrennungsvorgängen, und so kommt es, daß man in
Trommeln besonders gern Rauchgase als Wärmespender benutzt. Allerdings gibt es auch zahlreiche Güter, die nur mit Gasen niedriger Temperatur getrocknet oder mit Rauchgasen nicht in Berührung kommen
dürfen. In solchen Fällen verwendet man häufig Luft, die man in einem
Wärmeaustauscher erwärmt und dann in die Trommel leitet. Von den
Zustandsänderungen der Luft handelt ein umfangreiches Schrifttum,
das vornehmlich die Anwendung des MOLLIERschen $i - x$-Diagramms
beschreibt [27, 28, 29]. Auf dieses Diagramm sei hier nicht eingegangen,
da es bei der Berechnung von Trommeln eine untergeordnete Rolle spielt.
Vielmehr sei hier vornehmlich von Rauchgasen die Rede und die Luft
als Grenzfall solcher Gase betrachtet.

Anstatt mittels Gl. (6) kann man den Bedarf einer Trommel an
wärmebringendem Gas auch ausdrücken durch:

$$L' = \frac{Q_T}{i_{L_e} - i_{L_a}}, \qquad (67)$$

worin

$$i_{L_e} = c_{L_e} \cdot \vartheta_{L_e} = \text{Enthalpie des Gases beim Eintritt in die Trommel} \quad [\text{kcal/Nm}^3], \tag{68}$$

$$i_{L_a} = c_{L_a} \cdot \vartheta_{L_a} = \text{Enthalpie des Gases beim Verlassen der Trommel} \quad [\text{kcal/Nm}^3], \tag{69}$$

$c_{L_e} = $ mittlere spez. Wärme des Gases beim Eintritt in die Trommel [kcal/Nm$^3$°],
$c_{L_a} = $ mittlere spez. Wärme des Gases beim Verlassen der Trommel [kcal/Nm$^3$°].

Die Zahlenwerte von $i_{L_e}$ und $i_{L_a}$ müssen jeweils berechnet werden. Dazu kann man den nachher beschriebenen Weg gehen.

Ein Rauchgas besteht, solange es mit fremden Gasen (wie z. B. Wasserdampf aus dem Gut) nicht vermischt ist, aus reinen Rauchgasen, d. h. Rauchgasen, die bei der theoretischen Verbrennung entstehen, und Luft. Die Luft habe an einem solchen Gemisch den Volumanteil $\psi_l$. Dann ist der Volumanteil des reinen Rauchgases $1 - \psi_l$ und die Enthalpie des Gemisches

$$i_L = i_l \psi_l + i_r \cdot (1 - \psi_l) \quad [\text{kcal/Nm}^3], \tag{70}$$

$i_l = $ Enthalpie der Luft [kcal/Nm$^3$],
$i_r = $ Enthalpie des reinen Rauchgases [kcal/Nm$^3$].

$\psi_l$ ergibt sich aus einer Zwischenbetrachtung.

Die Gl. (70), die den linearen Zusammenhang zwischen $i_L$ und $\psi_l$ wiedergibt, läßt sich leicht in einem $i - \psi_l$-Bild darstellen, das zur Berechnung rauchgasbeheizter Trockner nützlicher sein dürfte als die bisher im Schrifttum empfohlenen Diagramme. Wir wählen dazu in einem rechtwinkeligen Koordinatensystem (Abb. 29) $i_L$ als Ordinate und $\psi_l$, dessen Werte zwischen 0 und 1 liegen, als Abszisse. Sodann tragen wir in diesem System, von der Abszissenachse ausgehend, auf der Ordinatenachse die zu einer bestimmten Temperatur $\vartheta$ gehörende Enthalpie $i_r$ des reinen feuchten Rauchgases und auf der durch $\psi_l = 1$ gehenden Parallelen zur Ordinatenachse die Enthalpie $i_l$ der Luft ab. Danach verbinden wir die Endpunkte der abgetragenen Strecken durch eine gerade Linie. Indem wir dies für verschiedene Temperaturen wiederholen, kommen wir zu einer Schar schwach geneigter Geraden — den Isothermen oder $\vartheta$-Linien des Gemisches —, mittels deren wir für ein beliebiges $\psi_l$ und $\vartheta$ die zugehörige Enthalpie $i_L$ des Gasgemisches finden können. $i_L$ ist ja nichts anderes als die Ordinate des Punktes, der durch $\psi_l$ und $\vartheta$ gekennzeichnet ist.

Die Enthalpiewerte $i_l$ der Luft können den bekannten Tabellenwerken [30] entnommen, die Enthalpiewerte $i_r$ der reinen Rauchgase aus der Gaszusammensetzung berechnet werden. Im übrigen unter-

scheiden sich aber die $i_r$-Werte der verschiedensten Rauchgase nur
wenig voneinander, sodaß wenigstens für größere Rauchgasgruppen
Durchschnittswerte genommen werden können. Die Zahlentafel 8 enthält durchschnittliche Werte für die mittlere spez. Wärme der Rauchgase, aus denen sich die Durchschnittswerte der Enthalpie mittels der Gl. (68) und (69) berechnen lassen.

Wir betrachten nun ein Rauchgas, von dem wir annehmen, daß es bei seiner Entstehung zunächst keine Überschußluft, aber die gesamte Wärme aufgenommen habe, die bei der rückstandlosen Verbrennung des Brennstoffs frei wurde. Die Temperatur der Verbrennungsluft und des Brennstoffes sei 0 gewesen. Das Rauchgas werde in einem wärmedichten Raum allmählich mit Luft von 0° vermischt, bis es schließlich so verdünnt sei, daß sein Anteil am Gemisch verschwindend gering ist. Welchen Weg beschreibt der Zustandspunkt des Gases im $i - \psi_l$-Bild?

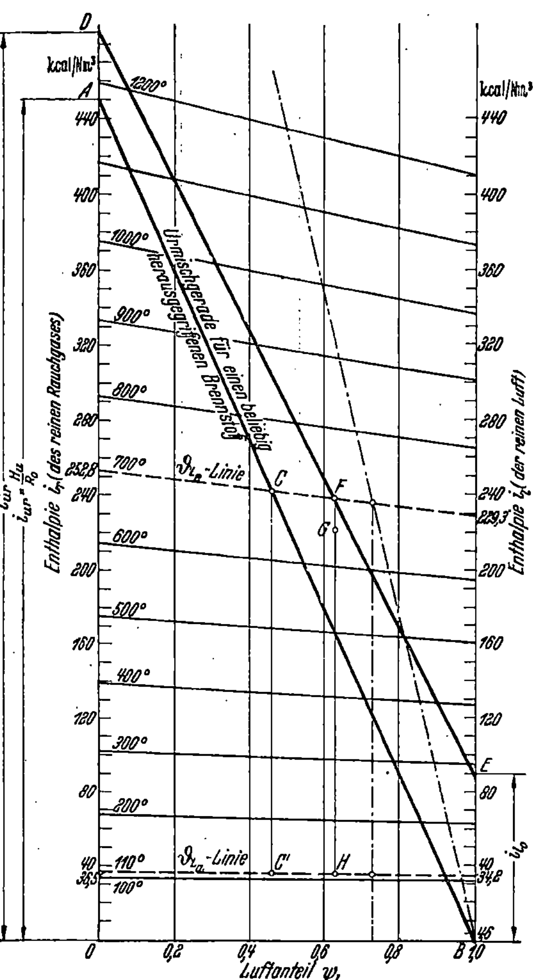


Abb. 29. Enthalpie-Luftanteil-Bild ($i$-$\psi_l$-Bild) für feste Brennstoffe mit dem unteren Heizwert 4500–8000 kcal/kg. (Die mit großen Buchstaben versehenen Linien sind schematisch, die gestrichelten Linien gelten für das Berechnungsbeispiel im Abschnitt X.)

Zu Beginn des Vorganges ist die Enthalpie des Rauchgases

$$i_{ur} = \frac{H_u}{R_0} = \frac{\text{unterer Heizwert des Brennstoffes je kg oder Nm}^3}{\text{reine Rauchgasmenge je kg oder Nm}^3 \text{ Brennstoff}}, \quad (71)$$

die wir „Ursprungsenthalpie" nennen wollen. $R_0$ läßt sich mittels bekannter Gleichungen aus der (allerdings meistens nicht bekannten)

Zahlentafel 8. *Mittlere spezifische Wärme von reinen Rauchgasen und Luft zwischen 0 und $t°$ bei 0 ata, in $kcal/Nm^{3}°$.*

| Brennstoff-art | Feste Brennstoffe | | Flüssige Brennstoffe | Gasförmige Brennstoffe | | Luft |
|---|---|---|---|---|---|---|
| Unterer Heizwert $H_u$ | 1000—4500 kcal/kg | 4500—8000 kcal/kg | 8000—11000 kcal/kg | 1000—3600 kcal/Nm³ | 3600—10000 kcal/Nm³ | |
| $t = 0°$ | 0,333 | 0,327 | 0,327 | 0,328 | 0,326 | 0,309 |
| 100 | 0,338 | 0,332 | 0,331 | 0,332 | 0,330 | 0,311 |
| 200 | 0,343 | 0,337 | 0,335 | 0,336 | 0,334 | 0,313 |
| 300 | 0,347 | 0,342 | 0,340 | 0,341 | 0,338 | 0,315 |
| 400 | 0,352 | 0,347 | 0,345 | 0,345 | 0,342 | 0,318 |
| 500 | 0,358 | 0,352 | 0,349 | 0,350 | 0,347 | 0,321 |
| 600 | 0,363 | 0,357 | 0,354 | 0,355 | 0,351 | 0,324 |
| 700 | 0,368 | 0,361 | 0,359 | 0,360 | 0,356 | 0,327 |
| 800 | 0,372 | 0,366 | 0,364 | 0,364 | 0,360 | 0,331 |
| 900 | 0,376 | 0,370 | 0,368 | 0,369 | 0,365 | 0,334 |
| 1000 | 0,381 | 0,375 | 0,372 | 0,373 | 0,369 | 0,337 |
| 1100 | 0,385 | 0,378 | 0,376 | 0,377 | 0,373 | 0,340 |
| 1200 | 0,388 | 0,382 | 0,380 | 0,381 | 0,377 | 0,343 |
| 1300 | 0,392 | 0,386 | 0,383 | 0,384 | 0,380 | 0,345 |
| 1400 | 0,395 | 0,389 | 0,386 | 0,388 | 0,384 | 0,347 |
| 1500 | 0,398 | 0,392 | 0,389 | 0,391 | 0,387 | 0,350 |

Brennstoffzusammensetzung genau ermitteln. „Annähernd" erhält man $R_0$ allein aus dem unteren Reizwert $H_u$ mittels der Gleichung

$$R_0 \approx a_R \frac{H_u}{1000} + b_R \qquad (72)$$

[*31, 32, 33*], worin die Konstanten $a_R$ und $b_R$ die in Zahlentafel 9 genannten Werte besitzen[1].

An dem Punkt, an dem die Mischung $\psi_l$ Volumenteile Luft enthält, ist dann die Enthalpie der Mischung, weil die Luft keine Wärme mitbringt:

$$i_L = (1 - \psi_l)\, i_{ur}. \qquad (75)$$

Dies bedeutet aber nichts anderes, als daß der Vorgang längs einer Geraden verläuft, die die Abszissenachse bei $\psi_l = 1$ und die Ordinatenachse bei $i_L = i_{ur}$ trifft (Gerade $AB$ in Abb. 29). Wir wollen diese

---

[1] In gleicher Weise ergeben sich die zum vollständigen Verbrennen des Brennstoffs nötige Mindestluftmenge $L_0$ und die Wasserdampfmenge $W_0$, die dabei entsteht. Es ist

$$L_0 \approx a_L \cdot \frac{H_u}{1000} + b_L, \qquad (73)$$

$$W_0 \approx a_W \frac{H_u}{1000} + b_W. \qquad (74)$$

Die Abweichung der wirklichen Werte von den sich aus diesen Gleichungen ergebenden ist, sofern man die üblichen Brennstoffe betrachtet, bei $R_0$ höchstens 13%, bei $L_0$ 10% und bei $W_0$ 34%. Die größten Abweichungen treten bei den Koksen und gasförmigen, also sozusagen den unnatürlichen Brennstoffen auf.

Gerade „Urmischgerade" nennen. Jeder Brennstoff hat seine eigene Urmischgerade.

Kennen wir die Temperatur $\vartheta_{L_e}$, mit der ein reines Rauchgas nach Vermischung mit Luft in eine wärmedichte Trommel eintritt, so gestattet uns die Urmischgerade, die Enthalpie $i_{L_e}$ ohne große Rechen-

Zahlentafel 9. *Festwerte in den Näherungsgleichungen* (72) *bis* (74).

| | $a_R$ | $b_R$ | $a_L$ | $b_L$ | $a_W$ | $b_W$ |
|---|---|---|---|---|---|---|
| Feste Brennstoffe mit unterem Heizwert $H_u = 0$—8000 kcal/kg ($R_0$, $L_0$ und $W_0$ ergeben sich in Nm³ je kg Brennstoff) . . . . | 0,90 | 1,64 | 1,00 | 0,55 | —0,08 | 1,11 |
| Flüssige Brennstoffe mit unterem Heizwert $H_u = 8000$—11000 kcal/kg ($R_0$, $L_0$ und $W_0$ ergeben sich in Nm³ je kg Brennstoff) . | 1,54 | —3,77 | 1,23 | —1,37 | 0,64 | —5,05 |
| Gasförmige Brennstoffe mit unterem Heizwert $H_u = 1000$—3600 kcal/Nm³ ($R_0$, $L_0$ und $W_0$ ergeben sich in Nm³ je Nm³ Gas). . . | 0,97 | 0,65 | 1,00 | —0,20 | 0,35 | —0,33 |
| Gasförmige Brennstoffe mit unterem Heizwert $H_u = 3600$—10000 kcal/Nm³ ($R_0$, $L_0$ und $W_0$ ergeben sich in Nm³ je Nm³ Gas). . . | 1,27 | —0,43 | 1,23 | —1,02 | 0,20 | 0,20 |

arbeit zu finden, wenn die genannten Voraussetzungen erfüllt sind. Die gesuchten Größen sind nichts anderes als die Koordinaten des Punktes, in dem sich die $\vartheta_{L_e}$-Linie und die Urmischgerade schneiden (Punkt $C$).

Wir nehmen nun an, das Rauchgas gebe in der Trommel eine bestimmte Wärmemenge ab und habe zum Schluß die Temperatur $\vartheta_{L_a}$. Wir fragen, welche Rauchgasmenge braucht die Anlage?

Wenn, wie wir voraussetzen wollen, das Gas in der Anlage keine Luft aufnimmt, so ändert es seinen Zustand längs der durch Punkt $C$ gehenden Parallelen zur Ordinatenachse. Diese treffe die $\vartheta_{L_a}$-Linie in $C'$. Der Abstand zwischen $C$ und $C'$ ist dann der Enthalpieunterschied im Nenner der Gl. (67), und die Gleichung selbst gibt uns die gesuchte Gasmenge.

Diese Art, die Rauchgasmenge für Trommeln zu berechnen, genügt in den meisten Fällen. Sie kann aber noch verfeinert werden. In Wirklichkeit gibt es nämlich keinen Verbrennungs- und Mischvorgang, für den die bisherigen Annahmen „genau" zutreffen.

Der Brennstoff und die Verbrennungsluft werden meistens nicht 0°, sondern eine davon abweichende Temperatur besitzen. Manchmal wärmt man beide sogar an, bevor man sie in die Trommel schickt. Es kommt überdies vor, daß ein Teil des Brennstoffs nicht vollständig verbrennt oder daß die Schlacke, wenn man sie aus der Feuerung nimmt, noch Wärme enthält.

Es sei:

$L_0$ = die theoretische Verbrennungsluftmenge je kg oder Nm³ Brennstoff,
$i_{l_0}$ = die Enthalpie von 1 Nm³ Verbrennungsluft beim Eintritt in die Feuerung,
$i_B$ = die Enthalpie von 1 kg oder 1 Nm³ Brennstoff beim Eintritt in die Feuerung,
$\xi$ = ein Faktor, der angibt, in welchem Verhältnis die in der Schlacke enthaltene Wärmemenge und die durch unvollständige Verbrennung zu wenig entwickelte Wärmemenge zu der Wärmemenge steht, die bei der vollständigen Verbrennung frei wird.

Dann tritt an Stelle der Urmischgeraden die Gerade, die die Ordinatenachse im Abstand

$$i_{ur}' = \frac{H_u + L_0 \cdot i_{l_0} + i_B - \xi\, H_u}{R_0} \tag{76}$$

und die rechte Randlinie des Bildes im Abstand $i_{l_0}$ von der Abszissenachse schneidet. Auf Abb. 29 ist diese Gerade mit $DE$ bezeichnet. Ihr Schnittpunkt mit der $\vartheta_{L_e}$-Linie ist Punkt $F$.

Die Wände der Feuerung und der Rauchgasleitungen geben nach außen Wärme ab. Der Verlust an Enthalpie, den die Rauchgase dabei je Nm³ erleiden, sei im $i - \psi_l$-Bild durch die Strecke $F-G$ dargestellt. Die Strecke $G-H$ ist dann der Enthalpieunterschied, der in der Trommel wirklich nutzbar gemacht werden kann.

# X. Berechnungsbeispiel.

In einer Gleichstrom-Trocknungstrommel gemäß Abb. 1 sollen stündlich $G_n = 520$ kg eines Gutes getrocknet werden, das mit Rauchgasen in Berührung kommen darf. Anfänglich hat das Gut $f_e = 48\%$ Feuchtigkeitsgehalt (Wasser), am Ende soll es $f_a = 5\%$ Feuchtigkeitsgehalt besitzen. In Zahlentafel 10 sind die sonst noch bekannten Daten des Gutes genannt. Zum Heizen der Trommel diene Steinkohle mit dem unteren Heizwert $H_u = 7200$ kcal/kg. Die Rauchgase sollen, nachdem ihnen Luft beigemischt ist, mit $\vartheta_{L_e} = 700°$ in die Trommel eintreten. Im Inneren erhalte die Trommel vorne Förderschaufeln von 500 m Länge, daran schließe sich ein 5 teiliger Quadranteneinbau gemäß Abb. 3 d an. Außen sei die Trommel mit einer 40 mm dicken Wärmedämmschicht, und zwar einem Lufthohlraum, versehen. Gefragt ist, welche Abmessungen die Trommel erhalten muß, wie hoch der Brennstoffbedarf der Anlage ist, welche Rauchgasmenge durch die Trommel geführt werden muß und welche Luftmengen nötig sind, um die Kohle zu verbrennen und die Rauchgase auf die gewünschte Eintrittstemperatur zu bringen. Ferner soll berechnet werden, wie sich die Temperaturen

Zahlentafel 10. *Zahlenangaben zum Berechnungsbeispiel.*

| | Symbol | Dimensionen | Vergleichs-trommel 0,5 m $\varnothing$ (Trommel 1) | Zu be-messende Trommel 0,8 m $\varnothing$ (Trommel 2) |
|---|---|---|---|---|
| Korndurchmesser des Gutes . . . . | $d_K$ | mm | 2 | 1 |
| Spezifische Wärme des Grundstoffs . | $c_{St}$ | kcal/kg° | 0,26 | 0,25 |
| Durchschnittliche spezifische Wärme des Gutes . . . . . . . . . . | $c_{nSt}$ | kcal/kg° | 0,40 | 0,43 |
| Durchschnittliche Wärmeleitzahl des Gutes . . . . . . . . . . . . | $\lambda_{nSt}$ | kcal/mh° | 0,40 | 0,77 |
| Durchschnittliches Schüttgewicht des Gutes . . . . . . . . . . . . | $\gamma_{nSt}$ | kg/m³ | 820 | 700 |
| Durchschnittlicher Schüttwinkel des Gutes . . . . . . . . . . . . . | $\gamma_s$ | ° | 60 | 60 |
| Breite der Rieselbleche . . . . . . | $h'$ | m | 0,059 | 0,096 |
| Hydraulischer Durchmesser der Ein-bauzellen. . . . . . . . . . . . | $d_h$ | m | 0,25 | 0,40 |
| Zahl der Gutshaufen . . . . . . . | $j$ | | 19 | 19 |
| Drehzahl der Trommel . . . . . . | $n$ | 1/min | 4,5 | 4,0 |
| Füllungsgrad der Trommel. . . . . | $\tau$ | | 0,2 | 0,2 |
| Zahl der Gutsabrieselungen je Um-drehung . . . . . . . . . . . . | $a'$ | | 2,3 | 2,3 |
| Durchschnittliche Fallhöhe des Gutes | $h$ | m | 0,04 | 0,07 |
| Anfängliche Fallgeschwindigkeit der Körner. . . . . . . . . . . . . | $v_a$ | m/s | 0,77 | 0,97 |
| Durchschnittliche Gasgeschwindigkeit | $v_{L_0}$ | m/s | 0,36 | 0,68 |
| Eintrittstemperatur des Gases . . . | $\vartheta_{L_0}$ | ° | 700 | 700 |
| Austrittstemperatur des Gases . . . | $\vartheta_{L_a}$ | ° | 160 | 110 |
| Eintrittstemperatur des Gutes . . . | $\vartheta_{St_0}$ | ° | 15 | 15 |

des Gases und Gutes längs der Trommelachse ändern, welches vermutlich die höchste und welches die Endtemperatur des Gutes ist und wo der Taupunkt der Rauchgase liegt. Außerdem soll die Neigung der Trommel bestimmt werden für den Fall, daß die Trommeldrehzahl zu 4 U/min gewählt wird.

### a) Größenbemessung der Trommel.

Es ist:

Anfängliche Gutsmenge
(mit $f_e = 48\%$ Feuchtigkeitsgehalt) . . . . $G_n =$      520,0 kg/h

Grundstoffmenge
(Gut ohne jegliche Feuchtigkeit) . . . . . . $G_{St} = (100 - f_e)\,G_n =$ 270,4 „

Gutsmenge am Ende
(mit 5% Feuchtigkeitsgehalt) . . . . . . . $G_t = \dfrac{100 - f_e}{100 - f_a}\,G_n =$ 284,6 „

Verdunstende Wassermenge . . . . . . . . . $W_F = G_n - G_t =$ 235,4 „

Im Gut verbleibende Wassermenge. . . . . . $W_R = G_t - G_{St} =$ 14,2 „

Um die Trommel bemessen zu können, müssen wir zunächst die durchschnittliche spezifische Wasserverdampfung bestimmen, die erreicht wird. Wir finden diese, indem wir die Vorgänge in der zu bemessenden Trommel (fernerhin genannt Trommel 2) mit denjenigen vergleichen, die in der Versuchstrommel (s. Abb. 13, hier genannt Trommel 1) bei Trocknung des früher sog. „Durchschnittsgutes" stattfinden. Statt einiger der Daten, die uns vom Durchschnittsgut fehlen, setzen wir aushilfsweise die entsprechenden Daten des im Abschnitt V F charakterisierten „Hilfsgutes", was mangels einer besseren Möglichkeit zulässig sein mag, da wir die Daten des Hilfsgutes früher ja mit Bedacht so wählten, daß sie den Eigenschaften des Durchschnittsgutes mit einiger Wahrscheinlichkeit entsprechen, und weil sich für beide Güter ja auch ungefähr gleiche durchschnittliche spezifische Wasserverdampfungen ergaben. Die Fehler, die bei dem Vorgehen entstehen können, wirken sich im übrigen nur auf einen Teilbetrag der durchschnittlichen spezifischen Wasserverdampfung aus.

Das wirkliche Gut soll nur auf ungefähr 5% Feuchtigkeitsgehalt abgetrocknet werden. Seinen kritischen Feuchtigkeitsgehalt $f_k$ unter den Bedingungen, denen es in der Trommel ausgesetzt ist, kennen wir nicht. Wie aus Abschnitt IV B4 hervorgeht, liegt $f_k$ aber bei den meisten Gütern unter 4,5%, und wir nehmen daher an, dies sei auch im vorliegenden Fall so. Mit anderen Worten: wir unterstellen, daß die Trocknung nur nach den Gesetzen der Oberflächenverdunstung stattfinde und daß die Zustände im Gutsinneren nie für die Trocknungsgeschwindigkeit maßgebend werden. Dann können wir bei unseren Berechnungen von Gl. (12c) ausgehen, die für das Durchschnittsgut bei 700° Gaseintrittstemperatur eine durchschnittliche spezifische Wasserverdampfung von $\overline{w}' = 90$ kg/m³h liefert (Abb. 17). Die durchschnittliche spezifische Wasserverdampfung in der zu bemessenden Trommel weicht davon ab, und zwar, wie noch im einzelnen begründet wird,

1. weil die Relativgeschwindigkeit zwischen den durch die Trommel ziehenden Gasen und dem Gut größer und der Trommeleinbau weitmaschiger ist,

2. weil das Gut feinkörniger ist,

3. weil die Wärmeleitzahl, die spezifische Wärme und das Schüttgewicht des Gutes sowie die Drehzahl der Trommel nicht mit den entsprechenden Daten des Vergleichsfalls übereinstimmen,

4. weil es zweckmäßig ist, die Gase stärker abzukühlen als in der Versuchstrommel, um Brennstoff zu sparen. Als Endtemperatur des Gases seien $\vartheta_{L_a} = 110°$ gewählt.

Wenn man das Gas mit $\vartheta_{L_e} = 700°$ in die Versuchstrommel einführte, so erreichte es darin gemäß Abb. 19 durchschnittlich die Endtemperatur $\vartheta_{L_a} = 160°$. Die Gutstemperatur ging von $\vartheta_{St_e} = 15°$ auf

$\vartheta_{St_a} = 67°$ herauf, vorausgesetzt, daß das Gut nicht in den Zustand geriet, wo die Vorgänge im Korninneren für die Trocknungsgeschwindigkeit entscheidend wurden. Der vorgenannten durchschnittlichen spezifischen Wasserverdampfung entsprach dann, wie aus Gl. (11) hervorgeht (bei $a_m \cdot z_a = 0{,}92$), die räumliche Gesamtwärmeübergangszahl Gas–Gut $\alpha_1^* = 215$ kcal/m³h°. Hiervon entfielen ungefähr, wie Zahlentafel 7 zeigt,

auf den Wärmeübergang an den Haufen-
oberflächen und im Haufeninneren . ca. 32% entsprechend $\alpha_{C_1}^* = 69$ kcal/m³h°
auf den Wärmeübergang an den Riesel-
schleiern . . . . . . . . . . . . . ca. 35% entsprechend $\alpha_{Ri_1}^* = 75$ kcal/m³h°
auf den Wärmedurchgang vom Gas durch
die Trommeleinbauten zum Gut . . ca. 33% entsprechend $k_{B_1}^* = 71$ kcal/m³h°

wovon die beiden ersten Posten überwiegend vom konvektiven Wärmeübergang herrührten (s. Zahlentafel 5). Wir rechnen im folgenden so, als ob die Posten nur vom konvektiven Wärmeübergang bestimmt würden.

In der Versuchstrommel (Trommel 1) betrug die auf den Normzustand des Gases bezogene Gasgeschwindigkeit $v_{L_0} = 0{,}36$ m/s und die durchschnittliche Rutsch- und Fallgeschwindigkeit der Körner, die gleich der anfänglichen Fallgeschwindigkeit $v_a$ gesetzt wurde, $v_a = 0{,}77$ m/s. Als Relativgeschwindigkeit $v_1$ zwischen dem Gas und dem auf den Trommeleinbauten liegenden Gut wurde dann die geometrische Summe dieser Geschwindigkeiten, also $v_1 = 0{,}85$ m/s, angesehen (vgl. hierzu die Darlegungen im Abschnitt V B 2). In der Trommel 2 ist die Gasgeschwindigkeit demgegenüber $v_{L_0} = 0{,}68$ m/s, die anfängliche Fallgeschwindigkeit der Körner 0,97 m/s (Berechnung s. w. h.) und damit die Relativgeschwindigkeit zwischen dem Gas und dem Gut ungefähr $v_2 = 1{,}18$ m/s. Der hydraulische Durchmesser der Einbauzellen ist bei Trommel 1 $d_{h_1} = 0{,}25$, bei Trommel 2 $d_{h_2} = 0{,}4$ m. Infolgedessen erhalten wir mit Hilfe von Gl. (38) als räumliche Wärmeübergangszahl $\alpha_{C_2}^*$ an der Haufenoberfläche der Trommel 2

$$\alpha_{C_2}^* = \alpha_{C_1}^* \left(\frac{v_2}{v_1}\right)^{0{,}75} \cdot \left(\frac{d_{h_1}}{d_{h_2}}\right)^{0{,}25} = 76 \text{ kcal/m}^3\text{h}°.$$

Ganz ähnlich läßt sich die räumliche Wärmeübergangszahl $\alpha_{Ri_2}^*$ an den Rieselschleiern der Trommel 2 berechnen. Sieht man hier den Wärmeübergang am Spritzkorn als allein entscheidend an, so erhält man nach den Ausführungen im Abschnitt IV B 3

$$\alpha_{Ri_2}^* = \alpha_{Ri_1}^* \left(\frac{v_2}{v_1}\right)^{0{,}15} \cdot \left(\frac{d_{K_1}}{d_{K_2}}\right)^{0{,}85} = 142 \text{ kcal/m}^3\text{h}°,$$

worin $d_{K_1}$ der Korndurchmesser des Gutes in Trommel 1 und $d_{K_2}$ derjenige in Trommel 2 ist.

Kröll, Trocknungs- und Erwärmungstrommeln. 6

Die Wärmemenge, die das Gut dort aufnimmt, wo es die Trommeleinbauten berührt, hängt einerseits von der Wärmeübergangszahl $\alpha_{L,E}$ an den unbedeckten Einbauoberflächen, andererseits von der Wärmeübergangszahl $\alpha_{B_{E,St}}$ an den Berührungsflächen sowie von der Größe der beteiligten Übergangsflächen ab. Man kann leicht eine Wärmedurchgangszahl $k'$ anschreiben, die für den Wärmedurchgang vom Gas durch die Einbauten zum Gut maßgebend ist. Wenn man den geringen Wärmeleitwiderstand der Einbaubleche selbst außer acht läßt, ist nämlich

$$k' = \frac{1}{\left(\dfrac{F_{B_{E,St}}}{F_{C_{L,E}}}\right)\dfrac{1}{\alpha_{L,E}} + \dfrac{1}{\alpha_{B_{E,St}}}},$$

worin

$F_{B_{E,St}}$ = Wärmeübergangsfläche Einbau–Gut,

$F_{C_{L,E}}$ = Wärmeübergangsfläche Gas–Einbau.

Die Einbauten der in Frage stehenden Trommeln sind geometrisch ähnlich und das Gut hat in beiden Fällen den gleichen Schüttwinkel. Bei gleichem Füllungsgrad der Trommeln stehen daher die Flächen $F_{B_{E,St}}$ und $F_{C_{L,E}}$ im gleichen Verhältnis (Zahlenangaben s. Zahlentafel 4).

Der Wärmeübergang an den unbedeckten Einbauflächen geht teilweise durch Konvektion, teilweise durch (Gas-) Strahlung vor sich. Die Übergangszahl $\alpha_{L,E}$, die beide Vorgänge erfasse, hatte in der Vergleichstrommel bei 330° vorläufig geschätzter Durchschnittstemperatur des Gases den Wert 10,2 kcal/m²h° (s. Zahlentafel 4), in der Trommel 2 aber besitzt sie den etwas größeren Wert 10,9 kcal/m²h°, weil der konvektive Teil der übergehenden Wärmemenge ungefähr in dem Verhältnis ansteigt, wie sich oben für den Übergang an den Haufenoberflächen ergab.

Die Wärmeübergangszahl $\alpha_{B_{E,St}}$ an den Berührungsflächen der Vergleichstrommel entnehmen wir der Zahlentafel 4 zu 195 kcal/m²h°. Für die Trommel 2 finden wir den entsprechenden Wert 245 kcal/m²h°, indem wir die Werte $c_{nSt}$, $\lambda_{nSt}$ usw. aus Zahlentafel 10 in Gl. (37) einsetzen. Für die vom Gas durch den Einbau zum Gut fließende Wärmemenge wird dann die Durchgangszahl in der Vergleichstrommel $k'_1 = 18,1$, in der zu bemessenden Trommel $k'_2 = 19,6$ kcal/m²h°, so daß sich für die räumliche Wärmedurchgangszahl $k^*_{B_2}$ in der Trommel 2 ergibt

$$k^*_{B_2} = \frac{k'_2}{k'_1}\, k^*_{B_1} = 77 \text{ kcal/m}^3\text{h}°.$$

Aus dieser Rechnung läßt sich leicht erkennen, daß all die Größen, die in der Gleichung für $\alpha_{B_{E,St}}$ vorkommen, nur verhältnismäßig geringen Einfluß auf die durchgehende Wärmemenge haben und daß die durch Berührung ins Gut gelangende Wärmemenge daher hauptsächlich vom konvektiven Wärmeübergang an die freien Einbauteile abhängt.

Für die Gesamtwärmeübergangszahl $\alpha_2^*$ in der zu bemessenden Trommel ergibt sich also:

$$\alpha_2^* = \alpha_{c_2}^* + \alpha_{Ri_2}^* + k_{B_2}^* = 295 \text{ kcal/m}^3\text{h}\,°.$$

Gemäß Gl. (11) würde diese Zahl bei den in der Versuchstrommel gültigen Ein- und Austrittstemperaturen des Gases und Gutes der durchschnittlichen spezifischen Wasserverdampfung 124 kg/m³h entsprechen. Weil in der Trommel 2 die Gasaustrittstemperatur nur 110° und die Endtemperatur des Gutes nach späterer Berechnung 70° beträgt, liefert die grobe Näherungsgleichung (11) für diese Trommel als ungefähren Wert für die durchschnittliche spezifische Wasserverdampfung aber tatsächlich nur den Betrag

$$\overline{w}_2 = 97{,}5 \text{ kg/m}^3\text{h}.$$

Der wirkliche Betrag bei gegebenem $\alpha_2^*$ läßt sich nur feststellen, indem man den Verlauf des Gas- und Gutszustandes in der Trommel genau verfolgt (s. w. h.). Zunächst jedoch führen wir das eben bestimmte $\overline{w}_2$ in die Rechnung ein und erhalten mit Hilfe von Gl. (8) als Leervolumen der neuen Trommel

$$V = \frac{235{,}4}{97{,}5} = 2{,}41 \quad [\text{m}^3],$$

das den Trommelabmessungen entspricht:

lichter Trommeldurchmesser $\quad d = 0{,}80 \text{ m}$,

Trommellänge $\qquad\qquad\qquad L = 4{,}80 \text{ m}$.

Wir prüfen noch die Gasgeschwindigkeit in dieser Trommel, indem wir von den später berechneten Gasmengen und den bekannten Ein- und Austrittstemperaturen des Gases ausgehen und dabei berücksichtigen, daß der Trommelquerschnitt ungefähr um 25% vom Gut und den Einbauten verengt ist. Dabei finden wir, daß die Gasgeschwindigkeit am Eintritt ungefähr 2,07 m/s, am Austritt 1,09 m/s beträgt und also in den Grenzen liegt, innerhalb deren der Gasstrom keine nennenswerten Mengen des verhältnismäßig grobkörnigen Gutes mitreißt (s. w. h.).

Die Berechnung der Trommelabmessungen ging von der Annahme aus, die beiden in Frage stehenden Trommeln hätten Einbauten, die gleich wirksam sind. In Wirklichkeit besitzt die Versuchstrommel zwischen den spiraligen Förderschaufeln und dem Quadranteneinbau einen kurzen Schuß, in dem sich nur einfache, wenig wirksame Hubschaufeln befinden [34], während die andere Trommel einen solchen Schuß nicht erhält. Diese andere Trommel könnte daher etwas kleiner gemacht werden, als eben berechnet, jedoch sei hier, weil nur das Grundsätzliche dargelegt werden soll, nicht näher darauf eingegangen.

6*

## b) Wärmebedarfsrechnung.

Oben wurde erwähnt, daß das als Wärmebringer dienende Rauchgas in der Trommel so ausgenutzt werden soll, daß es am Schluß noch $110°$ hat. Die Endtemperatur des Gutes beträgt gemäß späterer Berechnung $70°$. Somit ergibt sich folgende Wärmebedarfsrechnung (vgl. Abschnitt IV A):

kcal/h

Aufwand zum Verdampfen von $W_F = 235{,}4$ kg/h Wasser. Die Verdampfung finde bei der Eintrittstemperatur $\vartheta_{St_e} = 15°$ statt (Verdampfungswärme $r = 587$ kcal/kg)

$$Q_F = W_F \cdot r = 235{,}4 \cdot 587 \qquad\qquad 138000$$

Aufwand zum Erwärmen des Dampfes von $\vartheta_{St_e} = 15°$ auf die Austrittstemperatur $\vartheta_{L_a} = 110°$ (spez. Wärme des Dampfes $c_D = 0{,}46$ kcal/kg$°$)

$$Q_D = W_F \cdot c_D\,(\vartheta_{L_a} - \vartheta_{St_e}) = 235{,}4 \cdot 0{,}46 \cdot (110{-}15) \qquad 10300$$

Aufwand zum Erwärmen von $G_{St} = 270{,}4$ kg/h Grundstoff von der Eintrittstemperatur $\vartheta_{St_e} = 15°$ auf die Austrittstemperatur $\vartheta_{St_a} = 70°$ (spez. Wärme des Grundstoffs $c_{St} = 0{,}25$ kcal/kg$°$)

$$Q_{St} = G_{St} \cdot c_{St} \cdot (\vartheta_{St_a} - \vartheta_{St_e}) = 270{,}4 \cdot 0{,}25 \cdot (70{-}15) \qquad 3700$$

Aufwand zum Erwärmen von $W_R = 14{,}2$ kg/h Restwasser von 15 auf $70°$ (spez. Wärme des Wassers $c_w = 1$ kcal/kg$°$)

$$Q_R = W_R \cdot c_w \cdot (\vartheta_{St_a} - \vartheta_{St_e}) = 14{,}2 \cdot 1 \cdot (70{-}15) \qquad 800$$

Aufwand zum Lösen besonderer Bindungen (sei in unserem Beispiel 0)   —

Wärmeverlust an den Trommelwandungen. Die Oberfläche des Trommelmantels ist $F_M = 13{,}6$ m², die Wärmedurchgangszahl Innenraum-Außenraum $k_{L,a} = 1{,}0$ kcal/m²h$°$ (Zahlentafel 6), die durchschnittliche Gastemperatur schätzungsweise $\vartheta_{L_m} = 330°$ und die Außenraumtemperatur $\vartheta_a = 15°$.

$$Q_o = F_M \cdot k_{L,a} \cdot (\vartheta_{L_m} - \vartheta_a) = 13{,}6 \cdot 1 \cdot (330{-}15) \qquad 4300$$

$$\text{zusammen } Q_T \qquad 157100$$

Wärmeverlust in den Abgasen. Die Gasmenge ist $L' = 783$ Nm³/h, die Enthalpie der Gase am Trommelaustritt $i_{L_a} = 34{,}9$ kcal/Nm³ (Berechnung von $L'$ und $i_{L_a}$ s. nachher) und die fühlbare Wärmemenge der Luft- und der Kohlenmenge, aus der $1$ Nm³ Gas entsteht, vor dem Verbrennen, d. h. bei $15°$, $i_{L,K} = 4{,}7$ kcal

$$Q_L = L' \cdot (i_{L_a} - i_{L,K}) = 783 \cdot (34{,}9{-}4{,}7) \qquad 23600$$

Wandungsverluste der Feuerung und Rauchgasleitungen (gemäß besonderer Berechnung an Hand von Konstruktionszeichnungen), Ausbrandverluste (geschätzt ca. 3%)             12000

Gesamter Wärmeaufwand                   192700

Wenn der untere Heizwert der Kohle $H_u = 7200$ kcal/kg beträgt, wird damit der Brennstoffverbrauch der Anlage

$$B = \frac{192700}{7200} = 26{,}8 \text{ kg/h.}$$

### c) Rauchgasmenge und Luftbedarf.

Die Rauchgase treten mit $\vartheta_{L_e} = 700°$ in die Trommel ein und verlassen sie mit $\vartheta_{L_a} = 110°$. Mit Hilfe von Zahlentafel 8 finden wir damit:

Enthalpie der reinen Rauchgase am Eintritt . . . . . . 252,8 kcal/Nm³
Enthalpie der Überschußluft am Eintritt . . . . . . . . 229,3 „
Enthalpie der reinen Rauchgase am Austritt . . . . . 36,5 „
Enthalpie der Überschußluft am Austritt . . . . . . . 34,2 „

Wir tragen diese Werte ins $i - \psi_l$-Bild ein und ziehen die $\vartheta_{L_e}$- und $\vartheta_{L_a}$-Linien (s. gestrichelte Linien in Abb. 29).

Gl. (72) liefert für die reine Rauchgasmenge je kg Brennstoff den Betrag (bei $H_u = 7\,200$ kcal/kg):

$$R_0 \approx 8{,}12 \text{ Nm}^3/\text{kg}$$

und Gl. (73) für die theoretische Verbrennungsluftmenge

$$L_0 \approx 7{,}75 \text{ Nm}^3/\text{kg}.$$

Die Kohle und die Luft sollen beim Eintritt in die Feuerung beide 15° besitzen, so daß in Gl. (76) $i_B = 3$ kcal/kg und $i_{l_0} = 4{,}6$ kcal/Nm³ wird. Als Verluste durch Unverbranntes usw. seien 3% in Rechnung gesetzt, d. h. es sei $\xi = 0{,}03$. Dann erhalten wir aus Gl. (76) für die Wärmemenge, die in 1 Nm³ der reinen Rauchgase unmittelbar nach der Verbrennung steckt,

$$i'_{ur} = 865 \text{ kcal/Nm}^3.$$

Wir vermerken diese Enthalpie durch einen Punkt am linken Rand des $i - \psi_l$-Bildes (in Abb. 29 außerhalb des Blattes). Durch einen anderen Punkt am rechten Rand vermerken wir ferner die ursprüngliche Enthalpie der Luft $i_{l_0} = 4{,}6$ kcal/Nm³. Wenn wir dann die Punkte durch eine gerade Linie verbinden, diese mit der $\vartheta_{L_e}$-Linie zum Schnitt bringen und durch den Schnittpunkt eine Senkrechte bis zur $\vartheta_{L_a}$-Linie ziehen, erhalten wir als Enthalpie der Rauchgase am Anfang der Trommel 235,4 kcal/kg, am Ende 34,9 kcal/kg und als Anteil der (Überschuß-) Luft an den Rauchgasen $\psi_l = 0{,}73$ Nm³/Nm³. Damit folgt dann aus Gl. (67) für die nötige Rauchgasmenge

$$L' = \frac{157\,100}{235{,}4 - 34{,}9} = 783 \text{ Nm}^3/\text{h},$$

während die wasserdampffrei gedachte Überschußluftmenge sich ergibt zu

$$L'\psi_l = 783 \cdot 0{,}73 = 573 \text{ Nm}^3/\text{h}.$$

Um gute Verbrennung der Kohle zu erzielen, wird man einen Teil dieser Luft unter dem Rost der Feuerung, einen anderen hinter der Brennkammer in die Anlage einführen.

### d) Taupunkttemperatur der Abgase.

Der Taupunkt eines Gases ist diejenige Temperatur, bei welcher der im Gas befindliche Dampf zu kondensieren beginnt, wenn man das Gas abkühlt. Man findet diese Temperatur, indem man den Teildruck des Dampfes im Gas berechnet und die zugehörige Sattdampftemperatur bestimmt.

Folgende Dampfmengen gelangen in das Gas, das die Trommel, die wir bemessen wollen, durchzieht:

Dampf aus dem Trocknungsgut 235,4/0,804 . . . . . . . . . 292,8 Nm³/h

Dampf, der sich beim Verbrennen der Kohle bildet. Aus 1 kg Kohle entstehen gemäß Gl. (74) $W_0$ = rund 0,53 Nm³ Dampf, aus 26,8 kg/h also . . . . . . . . . . . . . . . . 14,2 „

Dampf in Begleitung von 26,8 · 7,75 = 208 kg/h theoretischer Verbrennungsluftmenge. Mit 1 Nm³ reiner Luft sollen 0,01 Nm³, insgesamt also 0,01 · 208 = 2,1 Nm³/h Wasserdampf, ins Gas gelangen . . . . . . . . . . . . . . . 2,1 „

Dampf in Begleitung von 573 Nm³/h reiner Überschußluft: 573 · 0,01 . . . . . . . . . . . . . . . . . . . . . . . 5,7 „

Gesamte Dampfmenge im Abgas . . . . . . . . . . . 314,8 Nm³/h

Die Menge an trockenem Rauchgas ist $L = L' - B \cdot W_0$ = 783 — 26,8 · 0,53 . . . . . . . . . . . . . . . . . . 768,8 „

Gesamte Abgasmenge . . . . . . . . . . . . . . . 1083,6 Nm³/h

Nimmt man an, der Gesamtdruck des Abgases sei gleich dem normalen Luftdruck von 10000 kg/m², so folgt, weil sich nach dem DALTON-schen Gesetz die Teildrücke der einzelnen Gase einer Mischung wie die Raumteile verhalten, für den Teildruck des Dampfes im Abgas

$$P_D = \frac{314,8}{1083,6} \cdot 10000 = 2900 \text{ kg/m}^2.$$

Diesem Druck entspricht nach den bekannten Sattdampftafeln für Wasserdampf die Sattdampftemperatur 68°, die der gesuchte Taupunkt ist.

### e) Verlauf des Gas- und Gutszustandes, höchste und Endtemperatur des Gutes.

Um festzustellen, wie sich unter den Voraussetzungen, die im Abschnitt VI C genannt sind, die Zustände des Gases und Gutes längs der Trommelachse ändern, gehen wir von den Gl. (48) bis (53) aus, die uns gestatten, den Verlauf dieser Größen graphisch-rechnerisch zu verfolgen (Abb. 30).

Weiter oben fanden wir, daß die gesamte räumliche Wärmeübergangszahl $\alpha^*$ in der zu bemessenden Trommel den Durchschnittsbetrag $\alpha_2^* = 295$ kcal/m³h° besitzt. Der wirkliche Betrag von $\alpha^*$ liegt am

Anfang der Trommel allerdings höher — wenn man das kurze Stück
außer acht läßt, in dem sich nur Hubschaufeln befinden —, am Ende
niedriger (vgl. Abschnitt VI D). Aber von diesem Umstand wollen wir

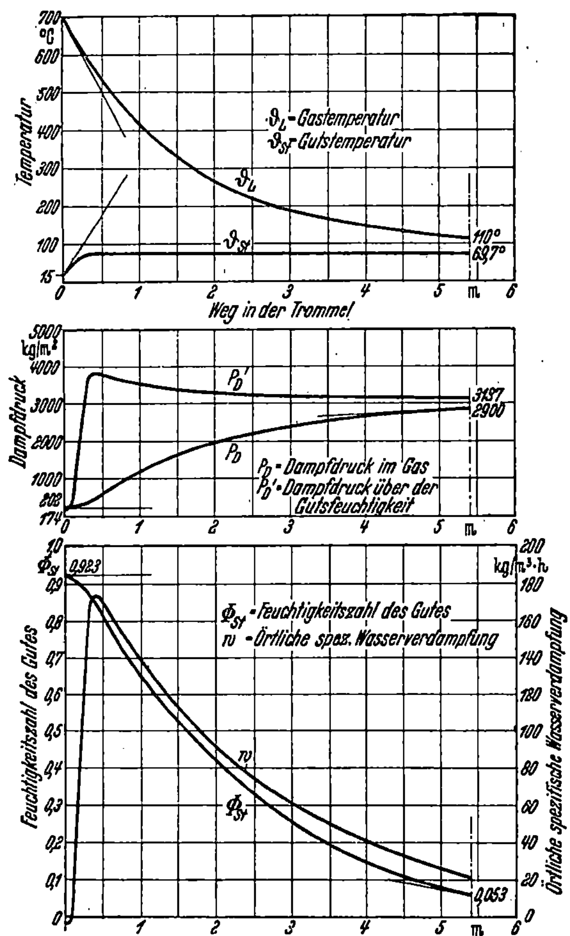


Abb. 30. Annähernd berechneter Verlauf des Gas- und Gutszustandes sowie der
örtlichen spezifischen Wasserverdampfung in der zu bemessenden Trommel.

hier absehen, obwohl es, wenn auch mit erheblichem Zeitaufwand,
möglich ist, die Veränderlichkeit von $\alpha^*$ in Rechnung zu setzen, ebenso
auch diejenige von $\beta^*$. Gl. (44) ergibt dann, wenn man vorläufig geschätzte Durchschnittswerte von $P_D$ und $P_D'$ einsetzt, für die Größe $\mu$
ungefähr den Durchschnittsbetrag 0,13. Die Größe $\zeta$, die angibt, in
welchem Verhältnis die durch Konvektion ins Gut gelangende Wärme-

menge zur gesamten eindringenden Wärmemenge steht, dürfte ungefähr bei 0,65 liegen, weil das Spritzkorn von 1 mm $\varnothing$ verhältnismäßig viel Wärme aufnimmt (vgl. die Angaben im Abschnitt V C 2, die für 2 mm Korngröße gelten). Aus Gl. (47) folgt somit $\beta_2^* = 1470$ [1/h].

Am Anfang der Trommel ist der Feuchtigkeitsgehalt des Gutes 48% und damit die Feuchtigkeitszahl $\Phi_{St} = 0,923$. Die Gastemperatur beträgt anfänglich 700°, die Gutstemperatur $\vartheta_{St} = 15°$. Zu diesem $\vartheta_{St}$ gehört gemäß den Wasserdampftafeln der Sattdampfdruck $P_D'$ $= 174$ kg/m², den wir als Druck des Dampfes unmittelbar an der Gutsoberfläche ansehen. Im freien Gasstrom herrscht am Trommelanfang der Wasserdampfteildruck

$$P_D = \frac{14,2 + 2,1 + 5,7}{1083,6} \cdot 10000 = 202 \text{ kg/m}^2,$$

wie sich aus den unter d) genannten Wasserdampfmengen ergibt, die aus der Kohle sowie aus der Verbrennungs- und Überschußluft stammen. Mit diesen Werten erhalten wir für die Kurven in Abb. 30 folgende Neigungen der Anfangstangenten:

aus Gl. (48) für die $\Phi_{St}$-Kurve $\quad d\Phi_{St}/dx = + 0,00255$ [1/m]
,, ,, (50) ,, ,, $P_D$ - ,, $\quad dP_D/dx = - 8,8 \quad$ [kg/m³]
,, ,, (51) ,, ,, $\vartheta_L$ - ,, $\quad d\vartheta_L/dx = - 381 \quad$ [°C/m]
,, ,, (52) ,, ,, $\vartheta_{St}$ - ,, $\quad d\vartheta_{St}/dx = + 322 \quad$ [°C/m]

Wir können, mit diesen Werten beginnend, den gesamten Verlauf der Kurven „schrittweise" aufzeichnen (s. Abschnitt VI C). Etwas rascher kommen wir aber wie folgt zum Ziel:

Außer den Anfangspunkten und Anfangstangenten der Kurven sind auch die Endpunkte und Endtangenten bekannt oder lassen sich leicht berechnen. Das Gut soll ja am Ende auf 5% Feuchtigkeitsgehalt (entsprechend $\Phi_{St} = 0,053$) abgetrocknet und das Gas auf 110° abgekühlt sein. Wie wir sahen, muß außerdem im Gas am Trommelende der Wasserdampfteildruck $P_D = 2900$ kg/m² herrschen. Daraus ergibt sich mit Hilfe der Näherungsgleichung (43), die aus Gl. (52) hervorgeht, wenn man $d\vartheta_{St}/dx = 0$ setzt, daß die *Endtemperatur* des Gutes ungefähr bei 69,7° und der zugehörige Sättigungsdruck $P_D'$ der Gutsfeuchtigkeit bei 3137 kg/m² liegt. Für die Endtangenten erhalten wir daher aus den Gl. (48) bis (52):

$$d\Phi_{St}/dx = - 0,0376 \text{ [1/m]}; \quad dP_D/dx = 118 \text{ [kg/m}^3],$$
$$d\vartheta_L/dx = - 18,7 \text{ [°C/m]}; \quad d\vartheta_{St}/dx \approx 0 \text{ [°C/m]}.$$

Wir zeichnen nun zunächst ganz grob die Kurven nach Abb. 30 auf, wobei wir die Länge der Trommel zunächst annehmen. Darauf verbessern wir die Kurven mit Hilfe der Gl. (48) bis (53) an mehreren Stellen so lange, bis die Gleichungen überall erfüllt sind. Auf diese Weise erkennen wir schnell, ob sich die zunächst angenommene Trommellänge mit dem durch die Gleichungen geforderten Verlauf der Kurven verträgt. Trifft dies nicht zu, dann müssen wir die Rechnung mit einer neu angenommenen Trommellänge wiederholen. Im vorliegenden Fall ergibt sich, daß die richtige Trommellänge ungefähr bei 5,4 m liegt, wogegen aus der Näherungsgleichung (11) bei gleichem Trommeldurchmesser eine Trommellänge von 4,8 m folgt.

Wie die Kurven zeigen, wird das Gut im ersten Augenblick nicht getrocknet, sondern befeuchtet, denn $P_D$ ist am Anfang größer als $P'_D$. Daher steigt auch die $\Phi_{St}$-Kurve zunächst an, während die $P_D$-Kurve fällt. Aber schon nach kurzem Weg ist das Gut so warm, daß $P'_D$ größer als $P_D$ wird und eine rasche Verdunstung der Gutsfeuchtigkeit einsetzt. Diese rasche Verdunstung läßt sich besonders deutlich aus der Kurve für die örtliche spezifische Wasserverdampfung $w$ erkennen.

$$w = \frac{\beta_2^*}{R_D \cdot T} \, (P'_D - P_D) \quad [\text{kg/m}^3\text{h}].$$

Nach ungefähr 0,45 m Weg erreicht das Gut seine höchste Temperatur, die bei ungefähr 74° liegt. Danach wird es ganz langsam wieder kälter. Die örtliche spezifische Wasserverdampfung steigt bis auf ungefähr 175 kg/m³h an und fällt dann auf 19 kg/m³h ab. Eine Verlängerung der Trommel über 5,4 m brächte, wie die Kurven zeigen, wenig Nutzen, weil $w$ schließlich ganz geringe Werte annähme.

Die Kurven in Abb. 30 gelten nur, wenn die Trommel auf ihrer ganzen Länge mit dem Quadranteneinbau versehen ist. In Wirklichkeit erhält die Trommel aber am Anfang einen kurzen Schuß mit Förderschaufeln. Da diese Förderschaufeln keinen so günstigen Wärme- und Stoffaustausch zulassen wie die anderen, steigt die wirkliche $\vartheta_{St}$- und $w$-Kurve am Anfang weniger steil an, aber im ganzen ändert sich wenig.

### f) Neigung der Trommel.

Vorhin wurde gefunden, daß die Trommel bei einem lichten Durchmesser von 800 mm 5,4 m lang gemacht werden muß, wenn das Gut auf 5% Feuchtigkeitsgehalt abgetrocknet und das Rauchgas auf 110° Endtemperatur abgekühlt werden sollen. Diesen Abmessungen entspricht das Trommelvolumen $V = 2,7$ m³, von dem $\tau \cdot V = 0,2 \cdot 2,7 = 0,54$ m³ vom Gut eingenommen werden ($\tau =$ Füllungsgrad der Trommel).

In die Trommel werden stündlich 520 kg Feuchtgut eingebracht, 284,6 kg Trockengut werden entnommen. Im Durchschnitt wandern daher stündlich ungefähr 400 kg Gut durch den Trockner. Wenn das durchschnittliche Schüttgewicht des Gutes 700 kg/m³ beträgt, entspricht dem das stündliche Gutsvolumen $V_{St} = 0{,}57\ \mathrm{m^3}$. Somit ist die nötige Durchlaufzeit (die Trocknungszeit):

$$t_{St} = \frac{\tau \cdot V}{V_{St}} = 0{,}95\ \mathrm{h}\,.$$

Im Abschnitt VII A wurde dargelegt, wie die Bewegung des Gutes durch die Trommel zustande kommt. Hier sei zunächst die Mitnahme durch den Gasstrom behandelt.

Die Querschnittsfläche eines einzelnen Gutshaufens in der Trommel ergibt sich aus Gl. (14) zu $F_{St} = 0{,}00528\ \mathrm{m^2}$ und damit der Liegewinkel des Gutes auf den Einbauten mittels Gl. (17) zu $\gamma_g = 0{,}855$ (Bogenmaß). Der Schüttwinkel des Gutes ist $\gamma_s = 0{,}866$, die Breite der Einbaubleche $h' = 0{,}096\ \mathrm{m}$. Damit liefert Gl. (57) als anfängliche Fallgeschwindigkeit des Gutes $v_a = 0{,}97\ \mathrm{m/s}$. Wenn die durchschnittliche Fallhöhe $h = 0{,}07\ \mathrm{m}$ beträgt, ergibt Gl. (63) dafür die Fallzeit $t = 0{,}072\ \mathrm{s}$. Für die Gasgeschwindigkeit können wir nach früherem den Durchschnittswert $v_L = 1{,}58\ \mathrm{m/s}$ einsetzen. Dann erhalten wir aus Gl. (64) als Verschleppweg des Gutes beim einmaligen Abrieseln $s_L = 0{,}00234\ \mathrm{m}$.

Nicht das ganze Gut, sondern nur das Spritzkorn wird um diesen Weg verschleppt. Daher müssen wir noch den Anteil abschätzen, den dieses Spritzkorn am Gesamtgut hat.

Um ganz abgeschüttet zu werden, muß jeder Gutshaufen auf den Einbauten um den oben berechneten Liegewinkel $\gamma_g$ gedreht werden. Dazu ist die Zeit

$$t_{Sch} = \frac{60\,\gamma_g}{2\,\pi\,n} = 2{,}04\ \mathrm{s}$$

nötig ($n = $ Drehzahl der Trommel $= 4\ \mathrm{U/min}$). Auf den Einbauten hat der Haufen die schon genannte Querschnittsfläche $F_{St} = 0{,}00528\ \mathrm{m^2}$. Wenn er mit der Geschwindigkeit $v_a = 0{,}97\ \mathrm{m/s}$ $t_{Sch} = 2{,}04\ \mathrm{s}$ lang über die Abschüttkante abrieselt, so wird er dabei sozusagen zu einem Streifen von $v_a \cdot t_{Sch} = 1{,}97\ \mathrm{m}$ Länge ausgezogen. Die Dicke dieses Streifens ist

$$\delta_{Sch} = \frac{F_{St}}{v_a \cdot t_{Sch}} = 0{,}00268\ \mathrm{m}\,.$$

Ein Stück dieses Streifens, das, in Trommellängsrichtung gesehen, 1 m lang und so breit ist, wie der Fallhöhe $h$ des Gutes entspricht, hat das Volumen $\delta_{Sch} \cdot h \cdot 1$. Wir nehmen nun an, die im Streifen enthaltenen Körner seien kugelig und jedes einzelne Korn habe das Volumen $\pi d_K^3/6$. Ferner setzen wir voraus, das Gesamtvolumen des Streifenstücks stehe zu dem von Kugeln erfüllten Raumteil im Verhältnis $1 : \tau_K$. Dann enthält das Streifenstück $6\tau_K \cdot \delta_{Sch} \cdot h \cdot 1/\pi d_K^3$ Körner, deren Oberfläche $6\tau_K \cdot \delta_{Sch} \cdot h/d_K$ ist. Die Oberfläche des Spritzkorns andererseits fanden wir im Abschnitt V A zu $6\,k \cdot \sigma_{Sp} \cdot h$. Es ergibt sich also, daß das Spritzkorn am Gesamtkorn den Anteil hat

$$\sigma_K = \frac{k \cdot \sigma_{Sp} \cdot d_K}{\tau_K \cdot \delta_{Sch}}\,.$$

Für $\tau_K = 0{,}6$, $k \cdot \sigma_{Sp} = 0{,}17$ und $d_K = 1$ mm erhält man daraus $\sigma_K = 0{,}106$.

Außer durch den Luftstrom wird das Gut durch die Förderschaufeln am Trommeleinlauf und dadurch von vorne nach hinten bewegt, daß die Trommel in Neigung liegt. Die Förderschaufeln erstrecken sich, in axialer Richtung gesehen, auf $l_{F\ddot{o}} = 0{,}5$ m und haben je Gang die Neigung $s_{F\ddot{o}} = 2{,}0$ m. Ferner hat der Quadranteneinbau die Länge $l_{Ri} = 4{,}9$ m, und das Gut legt darin bei jeder Trommelumdrehung in Richtung der Drehbewegung den Weg $s_Z = 0{,}8$ m zurück, wobei es durchschnittlich $a' = 2{,}3$ mal abrieselt. Bei der Trommeldrehzahl $n = 4{,}0$/min erhalten wir damit als Trommelneigung aus Gl. (65):

$$\operatorname{tg} \nu_T = 0{,}0268\,.$$

# XI. Schrifttumsverzeichnis.


1. SHERWOOD, T. K.: The drying of solids. Industr. Engng. Chem. Bd. 21 (1929) S. 13 u. 976; Bd. 22 (1930) S. 132; Bd. 24 (1932) S. 307; Bd. 25 (1933) S. 311 u. 1134; Bd. 26 (1934) S. 1096.
2. CEAGLISKE, N. H. and O. A. HOUGEN: Industr. Engng. Chem. Bd. 29 (1937) S. 805.
3. SABURO, KAMEI: Untersuchung über die Trocknung fester Stoffe. Reprinted from the Memoirs of the College of Engineering, Kyoto Imperial University Bd. 8 (1934) Nr. 1; Bd. 9 (1935) Nr. 2; Bd. 10 (1937) Nr. 3, Kyoto.
4. LEVEN, K.: Beitrag zur Frage der Wasserverdunstung. Wärme- u. Kältetechn. Bd. 44 (1942) S. 161.
5. HOMANN, F.: Die Verdunstung von Wasser aus ebenen und zylindrischen Oberflächen. Forsch. Ing.-Wes. Bd. 9 S. 51.
6. SPRENGER, E.: Verdunstung von Wasser aus offenen Behältern. Heizg. u. Lüftg. Bd. 17 (1943) S. 7.
7. SHEPHERD, C. B., C. HADLOCK and R. C. BREWER: Industr. Engng. Chem. Bd. 30 (1938) S. 388.
8. WICKE, E. in: Der Chemie-Ingenieur Bd. III, 3. Teil, S. 183. Leipzig 1939.
9. KRISCHER, O.: Grundgesetze der Feuchtigkeitsbewegung in Trockengütern. Z. VDI Bd. 82 (1938) S. 373.
10. KRISCHER, O.: Trocknung fester Stoffe als Problem der kapillaren Feuchtigkeitsbewegung und der Dampfdiffusion. Z. VDI, Beiheft Verfahrenstechnik Heft 4 (1938) S. 104—110.
11. KRISCHER, O. u. P. GÖRLING: Versuche über die Trocknung poriger Stoffe und ihre Deutung. Z. VDI, Beiheft Verfahrenstechnik Heft 5 (1938) S. 140 bis 148.
12. KRISCHER, O.: Wärme-, Flüssigkeits- und Dampfbewegung bei der Trocknung poriger Stoffe. Z. VDI, Beiheft Verfahrenstechnik Heft 1 (1940) S. 17—25.
13. KRISCHER, O.: Der Wärme- und Stoffaustausch im Trocknungsgut. VDI-Forsch.-Heft 415. Berlin 1942.
14. PIEPENSTOCK, H.: Untersuchungen an Einbausystemen von direkt beheizten Feuergas-Gleichstromtrommeltrocknern. Dissertation Technische Hochschule Hannover. Erfurt 1933.
15. SCHACK, A.: Der industrielle Wärmeübergang, 3. Aufl. Düsseldorf 1948.
16. BOSNJAKOVIC, FR.: Technische Thermodynamik, 1. Teil, 2. Aufl. Dresden und Leipzig 1944.
17. GUMZ, W.: Kurzes Handbuch der Brennstoff- und Feuerungstechnik. Berlin 1942.
18. RAMMLER u. BLASCHKE: Thermische Berechnungstafeln für Feuergastrockner (I. Teil). Berichte der Technisch-Wirtschaftlichen Sachverständigenausschüsse des Reichskohlenrats. Berlin 1938.
19. KRISCHER, O. u. H. ROHNALTER: Wärmeleitung und Dampfdiffusion in feuchten Gütern. VDI-Forsch.-Heft 402. Berlin 1940.
20. DREYER, H.: Über den Wärmeübergang von Gasen an Schwebekörper. Feuerungstechn. Bd. 29 (1941) S. 60.

21. JOHNSTONE, H. F., R. L. PIGFORD and J. H. CHAPIN: Heat transfer to clouds. of falling particles. Trans. Amer. Inst. chem. Engrs. Bd. 37 (1941) S. 95—135

22. ACKERMANN, G.: Wärmeübergang und molekulare Stoffübertragung im gleichen Feld bei großen Temperatur- und Partialdruckdifferenzen. VDI-Forsch.-Heft 382. Berlin 1937.

23. LOHRISCH, W.: Bestimmung von Wärmeübergangszahlen durch Diffusions-versuche. Forsch.-Arb. Ing.-Wes. Heft 322. Berlin 1929.

24. STILLER, G.: Erwärmungs- und Trocknungsvorgänge in Gesteinstrocken-Trommeln beim Gegen- und Gleichstromverfahren. Mitt. Forsch.-Inst. für Maschinenwesen beim Baubetrieb Heft 8. Berlin 1935.

25. KREVELEN, D. W. VAN u. P. J. HOFTIJZER: Drying of granulated materials. Part. I. Drying of a single granule, Part II. Drying of granules in rotary driers. J. Soc. chem. Ind. Bd. 68 (1949) S. 59—66 u. S. 91—97.

26. DAEVES, K.: Großzahl-Forschung und Häufigkeitsanalyse. Z. VDI Bd. 91 (1949) S. 65—70.

27. MOLLIER, R.: Ein neues Diagramm für Dampfluftgemische. Z. VDI Bd. 67 (1923) S. 869—872.

28. HIRSCH, M.: Die Trockentechnik, 2. Aufl. Berlin 1932.

29. KIRSCHBAUM, E.: Neue Erkenntnisse über den Verdunstungsvorgang. Chem.-Ing.-Technik Bd. 21 (1949) S. 89—94.

30. HENNING, F.: Wärmetechnische Richtwerte. Berlin 1938.

31. ROSIN, P. u. R. FEHLING: Das $It$-Diagramm der Verbrennung. Berlin 1929.

32. BOIE, W.: Die statistische Verbrennungsrechnung. Feuerungstechn. Bd. 30 (1942) S. 161—164.

33. BOIE, W.: Graphische Verbrennungsrechnung. Wärme Bd. 66 (1943) S. 233 bis 237.

34. FRIEDMANN, S. J. u. W. R. MARSHALL. Untersuchungen an einem Trommel-trockner. Teil I: Füllinhalt und Staubwirkung. Teil II: Wärme- und Stoff-übergang. Chem. Engng. Progr. Bd. 45 (1949) 8 S. 483—493 u. 9 S. 573—588.

# Sachverzeichnis.


Abschnitt gleichbleibender Trocknungsgeschwindigkeit 10, 11, 15.
— fallender Trocknungsgeschwindigkeit 10, 12.
Abschüttdauer des Gutes 39.
Antrieb der Trommeln 4.
Ausfallgehäuse 3, 8.

Begriffsfestlegungen 9.
Bemessung von Trommeln 17, 79.
Berechnungsbeispiel 78.
Betriebssicherheit, abhängig von der
Korntemperatur 57.

Chemische Änderung des Gutes 2.

Diffusion des Dampfes in der Grenz-
schicht 10.
— — — in den Poren 12.
— — — an der Porenoberfläche 12.
Drehzahl der Trommeln 4.
— — —, Einfluß auf Durchlaufzeit
des Gutes 40, 70.
— — —, Einfluß auf Kornaufenthalt
an der Haufenoberfläche 13.
— — —, Einfluß auf Spritzkornober-
fläche 55.
— — —, Einfluß auf Wärmeübergang
an Auflagefläche 43.
— — —, Einfluß auf Wärmeübergang
in Kornzwischenräumen 45.
— — —, Einfluß auf Trommelleistung
55.
Durchmesser der Trommeln 4, 62.
Durchsatz an Gut, stündlicher 18.
Durchschnittsgut 30, 80.

Enthalpie der Gase 74.
Einbauten in Trommeln 3.
Erwärmungstrommeln 18, 52, 53, 58.

Fallbeschleunigung der Körner 68.
Fallgeschwindigkeit der Körner, anfängliche 66.

Fallgeschwindigkeit beim Stürzen 69.
Fallzeit der Körner 39, 69.
Feuchtigkeitsbewegung in ruhendem
Gut 10.
— in Umschüttgut 13.
Feuchtigkeitsgehalt, Definition 9.
— der Güter am Anfang 28, 30.
— der Güter am Ende 29.
Feuchtigkeitszahl, Definition 9.
Feuerung 2, 85.
Förderschaufeln 1, 4, 64, 91.
Förderung des Gutes 64, 90.
Förderwirkung des Gasstromes 65, 72,
90.
Förderzeit des Gutes 69.
Füllung der Trommel 18, 56.
Füllungsgrad der Trommel 18, 32, 57.

Gas, Definition 9.
— als Wärmebringer 73.
—, Zustandsverlauf 58, 86.
Gegenstromerwärmung 70.
Gegenstromtrocknung 1, 3, 5, 61, 71.
Gleichstromtrocknung 1, 2, 6, 61, 63, 70.
Grenzschicht 10.
Grundstoff 9.
Gutszustand 58, 61, 86 (s. auch Feuch-
tigkeitsgehalt u. Temperatur).

Hubschaufeln 3.

Isothermen 74.
$i$-$\psi_t$-Bild 74, 85.

Kapillare Feuchtigkeitsförderung 11, 14.
Knickpunkt der Trocknungsgeschwin-
digkeit 10, 29, 31.
Konvektive Wärmeübertragung 2, 43,
48, 52, 53.
Korngröße 24, 26, 34, 38, 45, 68.
Kreuzeinbau 3.
Kühlgrenze 11, 58.

Länge der Trommeln 4, 62.
Leervolumen der Trommeln 18, 83.
Leistung der Trommeln 17, 23, 55, 57.
Luftbedarf, theoretischer 76.
—, Überschußluft 85.
Lüfter 3.

Neigung der Trommel 1, 64, 89.

Oberfläche der Gutshaufen 36.
— des Spritzkorns 38.
— des Wolkenkerns 39.
Oberflächenaufenthalt der Körner 13.
Oberflächentemperatur des Gutes 57.

Packungsdichte der Körner 12.

Quadranteneinbau 3, 4, 35, 51.

Rauchgas, Menge 73, 85.
—, Zusammensetzung 74.
Räumliche Stoffübergangszahl 22, 59, 63.
Räumliche Wärmeübergangszahl 22, 50, 54, 63, 81, 83.

Schichtdicke des Gutes 14.
Schleppwirkung des Gasstromes 65, 72.
Schräglage der Trommel 1, 64, 89.
Spezifische Feuchtigkeitsverdampfung 18, 28, 31, 63, 83, 89.
Spiralauslaß 6.
Spiralschaufeln 4, 64.
Spritzkorn 38, 44, 53, 69, 81, 90.
Stoffübergangszahl 11, 22, 59, 63.
Strahlungsaustausch 45, 52, 53.
Streuung der Trommelleistung 23, 33.

Taupunkt der Abgase 86.
Temperatur des Gases am Anfang 16, 18, 29, 34.
— des Gases am Ende 17, 21, 34.
— des Gutes am Ende 21, 34, 48, 54, 88.
— des Gutes an der Oberfläche 57.
— des Trommelmantels 47.
— des Trommeleinbaus 47.
Temperaturverlauf des Gases und des Gutes 58, 86.
Trocknungsgeschwindigkeit 10, 18, 28.
Trocknungsverlauf 10, 58, 86.
Trocknungszeit 13, 18, 32, 70, 90.
Trommel, außenbeheizte 7.
— für Gegenstromtrocknung 3.

Trommel, für Gleichstromtrocknung 1.
— mit Außen- u. Innenheizung 8.
— mit Dampfheizrohren 8.
— mit rauchgasdurchströmten Heizrohren 7.
— mit Vor- u. Rücklauf des Gutes 6.
— mit zentralem Gaszuführungsrohr 5.
— mit zylindrischem Heizkanal 7.

Übertragbarkeit der Versuchsergebnisse 35, 62.
Umschüttdauer des Gutes 39.
Urmischgerade 77.
Ursprungsenthalpie 75.

Verdunstungsgeschwindigkeit 11.
Verdunstungsgleichung 11.

Wärmeaustauscher 3.
Wärmebedarf 15, 84.
Wärmedurchgang Innenraum-Außenraum 49, 54.
Wärmeleitung zwischen Einbau und Mantel 46.
Wärmestrahlung 40, 45, 52, 53.
Wärmeübergang, Anteil der einzelnen Arten 53.
— am Spritzkorn 44, 53, 81.
— am Trommeleinbau 43, 53, 82.
— am Trommelmantel 44, 53.
— am Wolkenkern 44.
— an den Auflageflächen des Gutes 42, 53, 82.
— an den Gutshaufen 44, 53.
—, gesamter am Gut 50, 54, 83.
—, konvektiver 43, 53.
— in den Kornzwischenräumen 45.
Wärmeübergangsgleichung 41.
Wärmeübergangszahl 22, 50, 52, 54, 63, 81, 83.
Wärmeverlust am Trommelmantel 49.
— im Abgas 16, 84.
Wasserdampfmenge, die bei Verbrennung entsteht 76.
— im Abgas 86.
Weg des Gutes im Gasstrom 65.
— — — in den Förderschaufeln 64.
— — — in den Rieselzellen 65.
Wolkenkern des abrieselnden Gutes 38, 44.

Zelleneinbau 3.
Zumeßvorrichtung 3.